好学易做

川湘菜

姜　珊◎编著

河北出版传媒集团

河北科学技术出版社

图书在版编目（CIP）数据

好学易做川湘菜/姜珊编著.－－石家庄：河北科
学技术出版社，2016.4
ISBN 978-7-5375-8301-5

Ⅰ．①好… Ⅱ．①姜… Ⅲ．①川菜－菜谱②湘菜－菜
谱 Ⅳ.① TS972.182.71 ② TS972.182.64

中国版本图书馆 CIP 数据核字（2016）第 056726 号

好学易做川湘菜

姜珊　编著

出版发行　河北出版传媒集团　河北科学技术出版社
地　　址　石家庄市友谊北大街 330 号（邮编：050061）
印　　刷　三河市明华印务有限公司
经　　销　新华书店
开　　本　710×1000　1/16
印　　张　10
字　　数　150 千字
版　　次　2016 年 5 月第 1 版
　　　　　2016 年 5 月第 1 次印刷
定　　价　32.80 元

前 言

　　随着时代的进步，人们对生活品质的要求越来越高，吃、穿、住、行概莫能外。日常饮食与人体的健康状况息息相关，人们已开始重视食品种类和营养的搭配。如今，食品安全问题也受到普遍关注，为了饮食健康，许多人更青睐以自己烹饪的方式来表达对家人的关爱。自己烹制美食，不仅可以维护健康，也能提升家人之间的融合度，提高家庭生活的幸福和美满指数。

　　为了让大家在烹饪时能有据可依，以便更轻松地制作出受家人欢迎的美食，同时充分享受烹饪的乐趣，我们特意编写了这套菜谱。为满足各类人群、各个年龄段对饮食的不同需求，适合个人口味偏好，本套菜谱编写范围较广，包含家常菜、小炒、私房菜、特色菜、川菜、湘菜、东北菜、火锅、主食、汤煲等，不一而足，希望能够满足各类读者对于美食的独特需求。

　　我们力求让读者一读就懂，一学就会，一做便成功。书中详尽介绍了食物制作所需的主料与配料，并对操作步骤进行了细致地讲解，同时关于操作过程中需要注意的事项也重点阐述。即便您从来没有下过厨房，也可以在菜谱的帮助下制作出美味可口的菜品。

　　在教您烹饪的基础上，我们对食材与菜品的营养成分进行了解析，以帮助您选择适合家人营养需求与口味的菜肴。希望可以让您吃得健康、吃得明白。

另外，我们为每道菜都配有精美的图片，在掌握制作方法的同时，给您带来一场视觉上饕餮盛宴。看着令人垂涎欲滴的图片，想必您一定能胃口大开，在享受美食的同时，体会到烹饪带给您的巨大乐趣。

　　美味的食物不仅可以给您带来味蕾上的满足感，更重要的是每一种食物都蕴藏着养生的智慧。希望在您享受美食的过程中，您的体质与生活质量都能得到更好的改变。

　　在这套菜谱的编写过程中，我们请教了烹饪大师、营养师等相关人士，他们给予了我们极大的帮助，在此表示深深的谢意。然而，我们的水平有限，书中难免出现疏漏之处，敬请读者指正。在此一并表示感谢！

目录
CONTENTS

Chapter 1

川菜文化

川菜起源于四川、重庆，是我国八大菜系（浙菜、苏菜、湘菜、川菜、闽菜、粤菜、徽菜、鲁菜）之一。川菜的风格朴实而清新，具有非常浓厚的乡土气息。

川菜简介

川菜主要分为三个派系：上河帮、小河帮和下河帮。其中，上河帮以川西成都、乐山为中心，小河帮以川南自贡为中心，下河帮以川东重庆为中心。川菜主要流行于西南地区和湖北地区，各地的风味比较统一，在我国很多地方都可见到川菜馆。川菜是我国汉族传统的四大菜系之一，是最具特色的菜系，也是民间最大的菜系，被冠以"百姓菜"的称号。

川菜风味包括成都、自贡、内江、乐山等地方菜的特色，主要特点在于味型丰富多样，这主要是因为复合味的运用。胡椒、辣椒、花椒、豆瓣酱等是川菜主要的调味品，根据不同的比例，可以配出鱼香、麻辣、酸辣、椒麻、麻酱、怪味、蒜泥、芥末、陈皮、红油、糖醋等各种味型，厚实醇浓，具有"一菜一格，百菜百味"的特殊风味，各式菜点无不令人举手称赞。

川菜具有取材广泛、调味多样、菜式适应性强三个特征，由筵席菜、大众便餐、家常菜、三蒸九扣菜、风味小吃等五个大类组成一个完整的风味体系，在国际上享有"食在中国，味在四川"的美誉。

川菜经典口味

川菜的口味非常丰富，号称"百菜百味"。其中，鱼香、麻辣、辣子、陈皮、椒麻、怪味、酸辣等味最为著名。

鱼香味

原料：葱、姜、蒜、泡椒、糖、醋、酱油、酒、味精、四川豆瓣酱。
制法：先煸葱、姜、蒜、泡椒，再将豆瓣酱煸出红油，然后与其他调料混合。
特点：色红，味甜、酸、辣均衡。

菜式：可做鱼香肉丝、鱼香茄子、鱼香蘸汁等。

麻辣味

原料：花椒或花椒粉、葱、姜、蒜、干辣椒、糖、味精、醋、酒、酱油、四川豆瓣酱。

制法：先将干辣椒段炸至褐色，再将花椒炒香，然后煸葱、姜、蒜，之后下其他调料。为取麻味，还可加些花椒粉（油炸花椒起香，麻味来自花椒粉）。

特点：色泽金红，麻辣鲜香，有轻微的甜酸味。

菜式：可做麻婆豆腐、麻辣鱼丁等。

辣子味

原料：葱、姜、蒜、糖、味精、醋、酱油、酒、四川豆瓣酱。

制法：先煸香葱、姜、蒜，再将豆瓣酱煸出红油，下其他料调和。

特点：鲜辣中带有极微的甜酸味。

菜式：可做辣子鸡丁、辣仔鱼丁等。

陈皮味

原料：葱、姜、蒜、干辣椒、糖、味精、花椒、陈皮、酱油、酒、四川豆瓣酱。

制法：先将干辣椒炸焦，再将花椒煸香（如用陈皮块，亦加煸炒，若用烤干的陈皮碾成的粉，可在烹调快结束时撒入），再将葱、姜、蒜煸出香味，再煸豆瓣酱，随后下料，加汤及其他佐料焖烧原料。

特点：麻辣鲜香，有陈皮特有的芳香味。

菜式：可做陈皮牛肉、陈皮鸡等。

椒麻味

原料：葱白、花椒、糖、味精、醋、酱油、鲜汤。

制法：将花椒用酒浸泡一夜，然后与葱白一起剁成细泥，加糖、酱油、醋等其他调料调制而成。

特点：麻香鲜咸。

菜式：可用于调制椒麻脆鱼肚、椒麻肚片等。

怪味

原料：花椒粉、葱、蒜泥、糖、醋、油、酱油、鲜汤、四川豆瓣酱、芝麻酱。

制法：先以油煸四川豆瓣酱至油变红，用鲜汤调开芝麻酱，再加上所有佐料调制而成。

特点：辣、麻、甜、酸、咸、鲜、香诸味融为一体，味觉非常丰富。

菜式：可调制怪味鸡丁、怪味鸭片等。

酸辣味

有用于炒爆菜和用于烩菜的分别。

1. 炒爆菜

原料：葱、姜、蒜、糖、醋、酒、酱油、鲜汤、红油、四川豆瓣酱。

制法：先煸葱、姜、蒜和豆瓣酱，再调和其他味料。

特点：酸辣而香，微有甜味。

菜式：可用于酸辣鱿鱼卷、酸辣鱼片等。

2. 烩菜

原料：白胡椒粉、醋、葱花、香菜末、麻油、酱油、盐、味精、姜、鲜汤。

制法：先煸炸胡椒粉，入鲜汤，添加酱油、盐、葱、味精、姜、香菜末，出辣味，再加醋，淋麻油。

特点：酸辣爽口，上口咸酸，下咽时有辣味。

菜式：可用于酸辣汤、酸辣烩鸡血等。

川菜常用调料

花椒

四川所产的花椒具有颗粒大、色红油润、味麻籽少、清香浓郁的特点，为花椒中的上品，而其中的汉源花椒更是花椒中的上上品。

花椒作为调味品，主要利用它的麻味和香气。麻味是花椒果皮中所含的挥发油产生的。在川味调制中，花椒的运用非常广泛，在川菜比较常用的麻辣、椒麻、烟香、五香、怪味、陈皮等味型中，花椒都起了很重要的作用。

花椒既可整粒使用，也可磨成粉状，还可炼制成花椒油。整粒使用的主要用于热菜，如制作毛肚火锅、炝绿豆芽等；磨成粉状的既可用于热菜，如麻婆豆腐、水煮肉片等，也可用于冷菜，如椒麻鸡片、牛舌莴笋等；花椒油则主要用于冷菜。

作为创新川菜的火锅，大量使用青花椒，也是川菜的创新。

辣椒

川菜中常用的辣椒有干辣椒、辣椒粉和红油泡辣椒等。

干辣椒是用新鲜辣椒晾晒而成的。干辣椒的特点：外表呈鲜红色或红棕色，有光泽，内有籽；气味特殊，辛辣如灼。川菜使用干辣椒调味的原则是辣而不死，辣而不燥。成都及其附近所产的二荆条辣椒和威远的七星椒，皆属于此类品种，为辣椒中的上品。

干辣椒既可以切节使用，也可以磨粉（辣椒粉）使用。切节主要用于煳辣味型，如炝莲白、炝黄瓜等。辣椒粉常用的方法主要有两种，一是直接入菜，如川东地区制作的宫保鸡丁，辣椒粉起增色的作用；二是制成红油辣椒，做红油、麻辣等味型的调味品,常用于冷热菜式,如红油皮扎丝、红油笋片、麻辣豆腐、麻辣鸡等。

除干辣椒外,泡椒在川菜调味中也起了非常重要的作用。泡椒是用新鲜的红辣椒泡制而成的,是川菜中烹鱼和烹制鱼香味菜肴的主要调味品。由于在泡制过程中产生了乳酸,在烹制菜肴时,也就使得菜肴具有独特的香气和味道。

豆瓣酱

豆瓣酱主要有郫县豆瓣酱和金钩豆瓣酱两种。

郫县豆瓣酱是以鲜辣椒、上等蚕豆和面粉为原料酿制而成的。四川省郫县豆瓣厂生产的豆瓣酱,色泽红褐、油润光亮、味鲜辣、口感酥脆,并有浓烈的酱香和清香味,是烹制家常、麻辣等味型的主要调味品。烹制时,一般要将其剁细使用,如制作回锅肉、豆瓣鱼、干煸鳝鱼等。

金钩豆瓣酱是以蚕豆为主,金钩(干虾仁)、香油等为辅酿制的,主要用来蘸食。重庆酿造厂生产的金钩豆瓣酱,深棕褐色、光亮油润、味鲜回甜、咸淡适口、略带辣味、酯香浓郁,是清炖牛肉汤、清炖牛尾汤等汤菜的最佳蘸料。

除此之外,烹制火锅、调制酱料等,也离不开豆瓣酱。

川盐

川盐具有提鲜、定味、去腥、解腻的作用,是川菜烹调中必不可少的一个调味品。盐分为海盐、池盐、岩盐和井盐,主要成分是氯化钠。由于来源和采用的制作工艺的不同,不同种类的盐的质量也就有所不同。而烹饪所使用的盐,则以含氯化钠高,含氯化镁、硫酸镁等杂质低的为佳。在川菜烹饪中,普遍使用的是井盐,其氯化钠的含量高达99%以上,味醇正、无苦涩味、色白、结晶体小、疏松不结块。四川自贡所生产的井盐为盐中上品。

芥末

芥末也就是芥子研成的末。芥子呈深黄色或棕黄色,少数呈棕红色,形圆,干燥无味,研碎湿润后,可以发出浓烈的刺激气味。其中,以籽粒饱满、大小均匀、黄色或红棕色的为佳。

芥末多用于冷菜，荤素皆可使用，如芥末鸭掌、芥末嫩肚丝、芥末白菜等。

目前，川菜也常常使用成品的芥末酱、芥末膏，非常方便。

陈皮

陈皮也称"橘皮"，是将成熟的橘子皮阴干或晒干制成的。陈皮表皮呈鲜橙红色、黄棕色或棕褐色，质地较脆，容易折断，以皮薄、色红、香气浓郁者为佳。

在川菜的常用味型陈皮味型中，就是以陈皮为主要调味品的。在冷菜中，陈皮运用十分广泛，如陈皮鸡、陈皮牛肉、陈皮兔丁等。除此之外，陈皮和茴香、小茴香、丁香、山奈、八角、老蔻、沙仁、桂皮、草果等原料一样都具有独特的芳香气，因此，它们都可以用来调制五香味型，均可烹制动物性原料和豆制品原料的菜肴，如五香牛肉、五香豆腐干等。

芝麻

芝麻可以用来制作芝麻油（香油）和芝麻酱。在川菜中，常使用黑芝麻，主要用于芝麻豆腐干、芝麻肉丝和一些筵席点心上。以个儿大、色黑、饱满、无杂质者为佳。

芝麻酱和其他的调味品组合，可以调制出风味独特的麻酱味型，如麻酱凤尾、麻酱鱼肚、麻酱响皮等菜肴就是麻酱味型的菜式。在川菜调制时，芝麻油主要起增香的作用，冷、热菜中均可使用，如鲜熘鸡丝、盐水鸭脯等。

豆豉

豆豉是以黄豆为主要原料，经选择、浸渍、蒸煮，用少量面粉拌和，并加米曲霉菌菌种酿制后取出风干制成的。豆豉色泽黑褐、光滑油润、味鲜回甜、香气浓郁、颗粒完整、松散化渣，以永川豆豉和潼州豆豉为最理想的调味品。

豆豉既可以加油和肉蒸后直接佐餐，也可以用作盐煎肉、豆豉鱼、毛肚火锅等菜肴的调味品。目前，有很多民间流传的川菜也都需要豆豉来调味。

榨菜

榨菜是选用青菜头或菱角菜（羊角菜）的嫩茎部分，经盐、辣椒、酒等腌制后，榨除汁液呈微干状态而成的。榨菜色红质脆、块头均匀、味道鲜美、咸淡适口、香气浓郁，以四川涪陵生产的涪陵榨菜最为有名。

在烹饪中，榨菜对菜肴可起到提味、增鲜的作用。榨菜不仅营养丰富，而且还有爽口开胃、增进食欲等功效。在菜肴中，榨菜可直接作为咸菜上桌，也可以用作菜肴的配料和调味品，如榨菜肉丝、榨菜肉丝汤等。以榨菜为原料的菜肴，都具有清鲜脆嫩、别具风味的特色。

冬菜

冬菜主产于南充、资中等市，是四川著名的特产之一。冬菜是选用青菜的嫩尖部分，加盐、香料等调味品装坛密封，经数年腌制而成的。南充生产的顺庆冬尖和资中生产的细嫩冬尖是冬菜中的上品，有色黑发亮、细嫩清香、味道鲜美的特点。在川菜烹制中，冬菜既可以作为配料，也可以作为调味品。在菜肴中，作为配料的如冬菜肉末、冬尖肉丝等，既作配料又作调味品的如冬菜肉丝汤等。

Chapter 2

美味川菜

红烧黄辣丁

主料 黄辣丁 400 克

配料 蒜苗 20 克，豆瓣酱、辣椒酱各 15 克，葱、姜、植物油、食盐、料酒、高汤、生抽、老抽、陈醋、鸡精、淀粉各适量

·操作步骤·

① 将黄辣丁处理干净，裹上淀粉，拌入料酒、食盐腌渍 10 分钟；蒜苗洗净切段。

② 锅中倒入植物油，烧热，放入葱、姜爆香，放入黄辣丁煎至两面金黄。

③ 倒入高汤，加入豆瓣酱、辣椒酱、生抽、老抽、陈醋，大火烧开，小火收汁。至汤汁黏稠时，放入鸡精、蒜苗、食盐调味即可。

·营养贴士· 此菜有利尿消肿的功效，对脾虚者尤其适宜。

梅干菜蒸苦瓜

主料 苦瓜 600 克，梅干菜 150 克

配料 酱油、冰糖、料酒各适量

·操作步骤·

① 梅干菜洗净，放入盘中，放入冰糖。

② 苦瓜洗净去心切片，码在梅干菜上。

③ 倒入酱油、料酒。

④ 冷水上锅，水烧沸以后蒸 5~10 分钟即可。

·营养贴士· 本道菜具有清热祛暑、益气壮阳的功效。

川江红锅

黄辣丁

主 料 黄辣丁 400 克，四川泡酸菜 150 克，番茄 50 克，芹菜 30 克

配 料 高汤、冰糖、八角、葱花、食用油、鸡精、花椒、胡椒、老姜、豆瓣、川椒节、大蒜、香葱各适量

·操作步骤·

① 将黄辣丁洗净；芹菜斩段；番茄、大蒜切成两半；香葱切段。

② 锅置火上，加油烧至七成热，下入葱花爆香，下冰糖炒至呈红棕色，下入豆瓣、花椒、胡椒、老姜大火煸香，倒入高汤、鸡精，中火熬至汤色艳红、味道浓厚鲜香时，滤渣待用。

③ 火上另置一锅，倒少量食用油烧至五成热，放入泡酸菜、黄辣丁、芹菜，用大火煸香，加入熬制好的红汤，用小火焖烧 8 分钟入味，放入川椒节、大蒜、番茄、香葱段即可随火上桌。

·营养贴士· 本道菜具有攻补兼施、利尿消肿的功效。

·操作要领· 黄辣丁在选购的时候不宜选太大的，中等大小即可。

干煸青椒苦瓜

主 料 苦瓜 200 克，青椒 150 克

配 料 干红椒、食盐、味精各 5 克，花生
油 20 克，酱油 10 克，豆豉适量

· 操作步骤·

① 苦瓜对半切开，去瓤洗净切丝；青椒洗
净切丝；干红椒洗净，切圈。

② 锅烧热，放入青椒、苦瓜煸炒，不要放油，
待水分将干时倒在盘中。

③ 锅中放花生油烧热，放入干红椒稍炒，
随即把青椒、苦瓜、酱油、豆豉、食盐、
味精一起放入锅中，炒熟即可。

·营养贴士· 苦瓜中含有铬元素和类似胰岛素
的物质，有明显的降血糖作用。

雪菜炒苦瓜

主 料 苦瓜 140 克，雪菜 200 克

配 料 食用油、糖、鸡精、辣椒各适量

· 操作步骤·

① 苦瓜洗净去瓤，切片；雪菜洗净晾干，
切碎备用；辣椒切段。

② 锅中倒入水加热，烧开后放入苦瓜焯烫
一下，捞出。

③ 炒锅内倒油加热，爆香辣椒段，然后依
次放入雪菜、苦瓜翻炒，添加适量糖、鸡
精调味即可。

·营养贴士· 本道菜具有利尿止泻、清热凉
血的功效。

果酱番茄饼

主 料 番茄2个，鸡蛋2个，
面包糠、面粉、果酱
各适量

配 料 食用油适量

操作步骤

①

准备所需主材料。

②

将番茄切片备用；把鸡
蛋磕入碗中，搅拌均匀；
将番茄片裹上鸡蛋液、
面粉与面包糠。

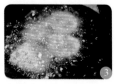
③

锅内放入食用油，油热
后将西红柿片放入油锅
内炸至两面金黄，捞出
控油。

④

将炸好的西红柿每两片
之间夹上果酱，然后切
成两半即可。

烹饪心得

营养贴士：番茄内的苹果酸和枸橼酸等有机酸，有增加胃
液酸度、帮助消化、调整肠胃功能的作用。

操作要领：裹面包糠时，一定要裹均匀。

青椒炒海葵

主料 海葵 400 克, 青椒、红椒、洋葱各 200 克

配料 植物油 80 克, 食盐、辣椒粉各 5 克, 陈醋、生抽各 20 克, 淀粉 10 克, 鸡精、味精各 1 克

· 操作步骤 ·

① 将海葵洗净切块, 入开水略焯, 盛起拌入陈醋、生抽、淀粉腌渍 10 分钟。

② 将青椒、红椒、洋葱洗净, 切块备用。

③ 锅中倒油烧热, 放入海葵、食盐, 用中火炒至七成熟, 加入青椒、红椒、洋葱, 爆炒至熟, 最后调入辣椒粉、鸡精和味精即可。

· 营养贴士 · 此菜具有补虚温肾、调节血压的功效。

麻辣花生米

主料 花生米 300 克

配料 食盐 5 克, 八角粉 3 克, 菜油 150 克, 干辣椒 10 克, 花椒适量

· 操作步骤 ·

① 花生用冷水泡 3 分钟, 捞出沥水, 放食盐、八角粉腌 5 分钟; 干辣椒洗净切段。

② 炒锅置中火上, 倒入油, 冷油放入花生米, 快速翻炒 5 分钟。

③ 加干辣椒快炒 2 分钟, 加花椒炒 1 分钟, 当花生仁开始变浅黄色时立即铲出, 沥油装盘。

④ 撒上食盐拌匀, 待花生凉了之后即可食用。

· 营养贴士 · 花生米富含高油脂, 有润肠功效, 在一定程度上能预防便秘。

香烧胡萝卜

主 料 胡萝卜300克

配 料 生抽10克,老抽5克,糖、植物油、食盐、葱花各适量

·操作步骤·

① 胡萝卜去皮,切滚刀块;生抽、老抽、糖、食盐混合成汁。

② 在平底锅中倒油加热,倒入胡萝卜块,用中小火慢烧至断生。

③ 倒入调味汁,待汤汁略微收干,入味后撒上葱花即可。

·营养贴士· 本道菜具有健脾消食、补肝明目的功效。

·操作要领· 胡萝卜切得薄一点小一点更容易熟。

家常煎茄子

主 料 茄子 500 克，红尖椒 100 克

配 料 酱油 2 克，植物油 20 克，味精、
食盐各 2 克，葱花、辣椒酱各适量

· 操作步骤 ·

① 红尖椒洗净切碎；茄子洗净切成条状。

② 在锅中倒油，烧热后放入茄子炒匀。

③ 放入食盐调味，继续炒，直至炒熟。

④ 放入红尖椒、辣椒酱和酱油炒匀，然后
撒上味精，拌匀装盘，撒上一些葱花即可。

· 营养贴士 · 茄子具有缓解便秘的功效。

炒酸萝卜菜

主 料 酸萝卜菜 300 克，红尖椒 25 克

配 料 食用油、姜各适量

· 操作步骤 ·

① 酸萝卜菜洗净，挤干水分，切碎；红尖
椒洗净后切圈；姜切末。

② 锅置火上，倒油烧热，放入姜末煸香。

③ 下入红尖椒圈、酸萝卜菜，翻炒 2 分钟
即可出锅。

· 营养贴士 · 本道菜具有开胃消食、清洁肠
胃的功效。

麻酱冬瓜

主料 冬瓜适量

配料 麻酱、芝麻各适量

·操作步骤·

① 冬瓜洗净，去皮切块。

② 锅中烧开水，放入冬瓜焯烫，投凉，放入盘中。

③ 在麻酱中放一点凉开水，将其调稀，然后淋在冬瓜上，撒上芝麻即可。

·营养贴士· 本道菜具有减肥降脂的功效。

·操作要领· 在用凉开水调稀麻酱时，凉开水要分多次小量加入，每一次都要在拌匀后再添加水。

辣炒酸菜

主料 酸菜 400 克

配料 红椒 20 克，肉末、生粉、食盐、姜、蒜、生抽、蚝油、食用油各适量

·操作步骤·

① 将酸菜洗净剁碎；肉末、食盐、生抽、生粉拌匀；红椒、姜、蒜切碎。

② 锅内倒食用油加热，稍微冒烟时放入肉末翻炒至变色时盛出。

③ 锅内留底油，放入姜、蒜煸香。

④ 放入酸菜、肉末、红椒翻炒至红椒断生，添加生抽、蚝油调味即可。

·营养贴士· 酸菜具有促进人体细胞代谢、帮助消化的功效。

灰树花焖冬瓜

主料 干灰树花 20 克，冬瓜 500 克

配料 姜 12 克，酱油 5 克，香菜、油、食盐、糖各适量

·操作步骤·

① 干灰树花泡软，沥干水分备用；灰树花水过滤备用；冬瓜去皮、去籽，洗净后切块；姜洗净切片。

② 往锅中倒油，加热至七成热时放入灰树花，炸 10 秒后捞出，然后放入冬瓜块，炸 20 秒后捞出。

③ 锅中留底油，爆香姜片，然后放入灰树花、冬瓜、灰树花水、酱油、食盐、糖。

④ 盖上锅盖，中火焖烧至汤汁稍微收干时即可出锅装盘，点缀香菜。

·营养贴士· 灰树花具有降低血压、增强免疫力的作用。

芝麻**素鱼排**

操作步骤

主 料 熟土豆400克，鸡蛋1个，白芝麻、淀粉各适量

配 料 食用油、食盐各适量

烹**饪心得**

> **营养贴士**：土豆中的蛋白质比大豆还好，最接近动物蛋白。土豆中还含丰富的赖氨酸和色氨酸，这是一般粮食所不能比的。土豆还富含钾、锌、铁等微量元素。
>
> **操作要领**：土豆泥饼从油锅内捞出后，一定要控油，放置晾凉后再切，以免被烫伤。

准备所需主材料。

将白芝麻放入锅内炒熟。

将土豆去皮后在碗中捣成土豆泥，放入鸡蛋液、食盐、淀粉搅拌均匀。

将土豆泥在面板上做成长方形的厚饼，两面均撒上白芝麻。

锅内放入食用油，油热后将土豆饼放入锅内炸至两面金黄。

出锅后切成2厘米宽的长条，即可食用。

鱼香**长豆角**

主 料 长豆角适量

配 料 葱、姜、蒜、红辣椒、番茄、料酒、
食盐、糖各适量

·操作步骤·

① 长豆角洗净，切斜段；葱、姜、蒜切丝；
红辣椒切碎；番茄切块。

② 锅中烧油，放入豆角炒至断生后盛出。

③ 锅中留底油，加热以后放入红辣椒爆香，
再放入葱、姜、蒜煸炒出香味。

④ 放入番茄翻炒，使其软烂，汁液包裹住
长豆角时放料酒、食盐、糖调味，直到长
豆角入味熟透即可。

·营养贴士· 本道菜具有健脾和胃、补肾益
气的功效。

芋头**烧扁豆**

主 料 扁豆150克，芋头800克

配 料 生抽15克，油、老抽、食盐、糖、
葱、姜各适量

·操作步骤·

① 芋头洗净去皮，切块；扁豆洗净，撕去两
边的硬筋后切段；姜切片；葱切花。

② 锅中倒油加热，放入扁豆炒至半熟后捞
出。再倒入一些油，加热后爆香葱、姜，
放入芋头煎炸至表面略黄时加生抽和老抽
拌匀。

③ 加水，用大火煮开，盖上锅盖，用小火
焖烧至八成熟。

④ 放入扁豆、水、糖、食盐，继续焖烧至
芋头和扁豆熟透为止。

·营养贴士· 本道菜具有增强免疫力、洁齿
防龋的功效。

麻辣白菜卷

主料 圆白菜 500 克

配料 辣椒 50 克，食盐 5 克，
味精 3 克，花生油 15
克，花椒适量

·操作步骤·

① 圆白菜叶掰下洗净，控干水分；辣椒洗
净切条备用。

② 锅中倒入花生油烧热，倒入辣椒、花椒
爆香。

③ 放入圆白菜煸炒，调入味精和食盐炒匀。

④ 菜叶炒软后盛出晾凉，卷成卷，切成段，
码放在盘中即可。

·营养贴士· 本道菜具有养胃生津、除烦
解渴的功效。

·操作要领· 只要将菜叶炒得稍软即可，
不要炒得太软，否则不容易
成卷。

炸熘海带

主 料▶ 水发海带 200 克

配 料▶ 调料油 50 克，白酒、酱油、醋、糖、
食盐、味精、葱、蒜片、姜末、洋葱、
红椒、青椒、面粉和水淀粉各适量

·操作步骤·

① 海带洗净，切片，撒上面粉；红椒、青椒、
洋葱切片。

② 面粉加水淀粉制成稠糊；白酒、酱油、醋、
糖、食盐、味精和水淀粉混合成芡汁。

③ 锅内加油，烧至六成热，海带蘸上稠糊，
放入油中炸至金黄色时捞出控油。

④ 锅中留底油，放入葱、姜、蒜爆香，放入
洋葱、红椒、青椒和海带，烹入芡汁翻炒
均匀即可。

·营养贴士· 本道菜具有降血压、消肿利尿
的功效。

干锅芥蓝

主 料▶ 芥蓝 300 克，腊肉 150 克

配 料▶ 红杭椒 40 克，大蒜 10 克，植物油、
酱油、食盐、味精、辣椒酱各适量

·操作步骤·

① 芥蓝去叶洗净，剖开切段；红杭椒洗净
切段；腊肉洗净切片；大蒜去皮切粒备用。

② 锅中倒植物油烧热，放入腊肉稍炒，放
入红杭椒、大蒜、芥蓝翻炒至七成熟，加
入食盐、辣椒酱、酱油、味精调味，继续
炒至芥蓝熟透即可。

·营养贴士· 此菜有降低胆固醇、软化血管、
预防心脏病等功效。

砂锅酡宝

主 料 豆腐 1200 克，白菜适量

配 料 荸荠末、素碎末、冬菜末、淀粉、面粉、地瓜粉、奶粉、酱油膏、姜末、糖、食盐、香油、油、胡椒粉各适量

·操作步骤·

① 用纱布将豆腐块包住，慢慢沥干水分。

② 将豆腐放入碗中，加入所有的配料搅拌均匀，做成 6 个大小均匀的圆球。

③ 锅内倒油加热，放入豆腐球，小火炸至金黄色，捞出控油。

④ 在砂锅内依次放入白菜、豆腐球，慢慢煨至豆腐球变软但不松塌为止。

·营养贴士· 本道菜含有丰富的蛋白质，有补益、养生的功效。

·操作要领· 豆腐球不宜做得过大，否则可能会炸不透。圆球除了炸制定型以外，还可以放到蒸笼里定型。

干锅春笋腊肉

主　料 春笋 500 克，腊肉 300 克

配　料 辣酱 20 克，四川泡椒 30 克，料酒
10 克，鸡精 3 克，色拉油 50 克，
高汤、香菜各适量

·操作步骤·

① 春笋、腊肉洗净切片放入沸水中焯烫取
出；香菜洗净切段；泡椒洗净放入干锅垫
底。

② 锅中放色拉油，加热至七成热，放入腊肉，
大火煸炒，放入辣酱、笋片炒散，烹入料
酒、高汤，中火烧 1 分钟。

③ 调入鸡精，倒入干锅内，撒上一些香菜
即可。

·营养贴士· 本道菜具有助消化、防便秘的
功效。

酱烧豆角

主　料 豆角 200 克，腊肉 230 克

配　料 食用油、干红辣椒、红椒、豆豉、
豆瓣酱、蒜、生抽、食盐各适量

·操作步骤·

① 豆角洗净，切菱形段；腊肉切片；干红
辣椒、红椒切段；蒜切薄片。

② 炒锅倒油烧热，放入蒜片、干红辣椒段
炸香。

③ 放入腊肉、豆角、红椒段翻炒，待豆角
快熟时加入豆瓣酱、豆豉、食盐、生抽调
味，盛盘。

·营养贴士· 本道菜具有化湿补脾、健脾强
胃的功效。

腊肉炒苋菜

主料 腊肉 300 克，苋菜 250 克

配料 植物油 60 克，食盐 5 克，大葱 10 克，料酒 15 克，鸡精 1 克

·操作步骤·

① 苋菜去根，去老叶，洗净切长段；大葱洗净，纵向切细丝；腊肉洗净入盆，加入料酒，上蒸屉蒸 30 分钟取出晾凉，切片备用。

② 锅置火上，倒入植物油加热，放入苋菜、食盐、鸡精煸炒至熟，出锅装盘。

③ 锅中再次倒油加热，加入葱丝、腊肉、苋菜翻炒均匀，出锅装盘即可。

·营养贴士· 苋菜的营养价值高，且富含维生素 C，烹调时不宜过久，否则苋菜的营养成分会大量流失。

·操作要领· 炒苋菜用旺火热油，炒断生后即可。

糖醋龙锤

主 料▶ 鸡腿 450 克，青辣椒 50 克，红辣椒 25 克

配 料▶ 鸡蛋 1 个，白糖、食醋、番茄酱、食用油、香炸粉各适量

操作步骤

准备所需主材料。

将鸡蛋磕入碗中，搅匀备用；剔除鸡腿的一小部分肉，将剩余的肉向下挤压；然后将鸡腿裹上鸡蛋液，再粘上香炸粉。

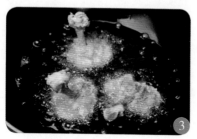

锅内放入食用油，油热后加入食醋和白糖，再放入鸡腿炸至全熟。

将辣椒切末，与番茄酱搅拌均匀，调成汁浇在鸡腿上即可食用。

烹饪心得

营养贴士：鸡腿肉蛋白质的含量较高、种类多，而且消化率高，很容易被人体吸收利用，有增强体力、强壮身体的作用。

操作要领：装盘时，用锡纸包住鸡腿顶端，方便手拿食用。

糊辣煸鸡胗

主料 鸡胗 300 克，干红椒 35 克，芹菜 200 克

配料 香菜 20 克，食盐、料酒、老抽、植物油、花椒、胡椒粉、孜然粉、麻油各少许

·操作步骤·

① 鸡胗洗净切片，加食盐、料酒、老抽、胡椒粉腌渍 30 分钟；干红椒洗净切段；芹菜去叶切段；香菜去茎，洗净备用。

② 锅中放油烧热，放入鸡胗翻炒至变色捞出。

③ 锅内留底油，放入干红椒、花椒煸香；放入鸡胗、芹菜、食盐、孜然粉煸炒，待熟时淋少许麻油，点缀香菜叶即可。

·营养贴士· 鸡胗对虚劳瘦弱、骨蒸潮热者有良好的食疗效果。

美人椒蒸鸡

主料 鸡肉 300 克，美人椒 70 克，青杭椒 50 克

配料 熟猪油 100 克，食盐 5 克，味精 3 克，香油 5 克，生抽、料酒各适量

·操作步骤·

① 鸡肉洗净，切块，用生抽、料酒、食盐腌渍 10 分钟。

② 美人椒、青杭椒洗净切末。

③ 锅中倒油烧热，放入鸡块略炸，捞起装碗，放入美人椒、青杭椒、食盐、味精拌匀，入蒸笼蒸熟，取出后滴上香油即可。

·营养贴士· 此菜对身体瘦弱、食欲不振的人有良好的调节作用。

腊八豆蒸双腊

主 料 腊肉、腊鱼各250克，
腊八豆150克

配 料 植物油750克（实用
70克左右），辣椒酱
20克，鸡精6克，料
酒10克，葱5克

·操作步骤·

① 将腊肉洗净，上蒸笼蒸50分钟，切片。

② 腊鱼去鳞切块，温水泡30分钟，沥干水
分；葱洗净，切成葱花。

③ 锅中放植物油烧至七成热，放入腊鱼，小
火炸至皮酥，倒入漏勺沥油，同腊肉一起
放入蒸碗。

④ 锅中留油，烧至五成热，放入腊八豆，
中火煸至金黄，放入辣椒酱，大火煸香，
倒入蒸碗，放入鸡精、料酒，上笼，大火
蒸40分钟，取出倒扣入盘中，撒葱花上桌。

·营养贴士· 腊八豆含有丰富的营养成
分，如氨基酸、维生素、大
豆异黄酮等生理活性物质，
是营养价值较高的保健发酵
食品。

·操作要领· 腊肉、腊鱼、腊八豆都含有
充足的盐分，所以此菜不必
加入食盐。

红油麻辣鸡肝

主料 鸡肝 600 克

配料 红油 80 克，香葱、生姜、大蒜、
花椒、八角、胡椒粉、干红椒、食盐、
白糖、白酒、生抽、高汤各适量

· 操作步骤 ·

① 鸡肝洗净切厚片；干红椒洗净切小段；
香葱洗净切成葱花；生姜、大蒜去皮切片。

② 锅中倒入红油加热，放入大蒜、姜片、
干红椒、八角、花椒炒香。

③ 放入鸡肝、食盐、生抽、白糖翻炒至五
成熟，加入胡椒粉和白酒，2 分钟后倒入
高汤焖煮。

④ 待鸡肝熟后捞去大蒜、姜片、八角、花椒，
装碗，点缀葱花即可。

· 营养贴士 · 鸡肝含有丰富的蛋白质、钙、
磷、铁、锌、维生素 A、B 族
维生素，是最佳的补血食材。

鸡肉蚕豆酥

主料 鸡胸脯肉 200 克，蚕豆瓣 100 克

配料 青椒、红椒各 20 克，葱、姜各 5 克，
植物油 30 克，香油、食盐、糖、
淀粉各适量

· 操作步骤 ·

① 鸡胸脯肉洗净切块，加食盐、糖和淀粉
上浆备用；青椒、红椒切丁；蚕豆瓣洗净。

② 锅中倒入水，放入蚕豆瓣煮沸，捞出。

③ 炒锅内放植物油烧热，放入鸡肉炒散，
放入葱、姜、青椒、红椒和蚕豆瓣炒熟。

④ 淋上淀粉勾芡，最后淋上香油即可装盘。

· 营养贴士 · 蚕豆具有延缓动脉硬化、防癌
抗癌的功效。

红油 明笋鸡

主 料 童子鸡 250 克，土豆、芹菜各适量

配 料 红油 80 克，食盐 5 克，辣椒酱、
生抽各 20 克，味精 2 克，姜汁 10 克，
大葱 15 克，湿淀粉 30 克，白醋、
黄酒各 10 克，香油 5 克

·操作步骤·

① 童子鸡洗净切块，放在碗里，用生抽、
食盐腌渍，再用湿淀粉上浆；土豆去皮切
丝；大葱洗净切段；芹菜洗净，茎叶分离，
茎切段备用。

② 土豆丝、芹菜段放入碗里，倒入开水浸泡，
捞出控水；葱段、生抽、黄酒、味精、姜汁、

湿淀粉、白醋，放入另一碗中，兑成芡汁。

③ 鸡块装盘，入蒸笼蒸熟，取出倒入锅中，
加入芡汁，以大火收汁入味，捡去葱段。

④ 另取锅加入红油、辣椒酱，放入土豆丝、
芹菜段、食盐翻炒至熟，盛出盖在鸡块上，
滴上香油，点缀芹菜叶即可。

·营养贴士· 此菜具有良好的补虚效果，
特别适宜于老人、患病、体
弱者食用。

·操作要领· 土豆易氧化，不宜过早捞出
控水。

干锅**竹笋鸡**

主料 春笋干 200 克，母鸡 1 只

配料 香芹 20 克，食盐、花椒各 5 克，干辣椒 50 克，姜 6 克，蒜片 30 克，糖 15 克，油、酱油各 30 克，酒 15 克，郫县豆瓣酱、葱、八角各适量

·操作步骤·

① 母鸡洗净，切成小块；香芹洗净切段；春笋干泡软切段；干辣椒切段。

② 锅中倒入适量热水，大火烧开，放入鸡肉和春笋干，再次烧开后调成小火慢煮 20 分钟，撇去浮沫，捞出鸡肉和春笋干，沥干水分备用；鸡汤倒入碗中，待用。

③ 锅中放油，中火烧至五成热，放入干辣椒、花椒、八角、蒜片、葱段和姜片爆香，然后放入郫县豆瓣酱翻炒。

④ 放入鸡肉、春笋干，大火爆炒 3 分钟，放入酒、酱油、糖、食盐翻炒均匀。

⑤ 在锅中放入少许鸡汤，大火烧开，调成小火慢煮，直至汤汁收干，放入些许香芹段即可出锅。

·营养贴士· 春笋含有丰富的植物蛋白以及钙、磷、铁等人体必需的营养成分和微量元素，具有清热化痰、益气和胃的功效。

·操作要领· 在放入鸡汤时不要放得过多，而且要等到汤汁收干以后才能出锅，这道菜的干香气息这时才能充分显现。

川椒**咸鸡锅**

主　料 咸草鸡750克，小青椒、小红椒各
50克

配　料 食用油、食盐、料酒、胡椒粉、蒜、
辣椒酱、料酒、香油各适量

·操作步骤·

① 咸草鸡洗净，切成大小适宜的块；小青椒、
小红椒切圈；蒜切片备用。

② 锅中倒水烧开，倒入适量料酒，放入咸
鸡块焯水，捞出沥干水分。

③ 锅内倒油加热，放入蒜片、辣椒酱爆香，
放入鸡块煸香，然后加入足量水，小火慢
炖至汤汁浓稠。

④ 加入小青椒圈、小红椒圈、食盐、胡椒粉，
出锅前滴几滴香油即可。

·营养贴士· 本道菜具有温中补脾、益气养
血的功效。

菠萝**焖鸡**

主　料 菠萝1个，鸡肉250克

配　料 食盐、姜片、生抽、调和油、糖、
生粉各适量

·操作步骤·

① 菠萝去皮，洗净切块；鸡肉洗净，切成
小块，用食盐、生抽、糖和生粉腌渍20
分钟。

② 锅内放调和油加热，放入姜片爆香。

③ 放入鸡块爆炒，倒入菠萝翻炒均匀。

④ 倒入清水，盖上锅盖，用中火焖煮15分钟。
打开盖子，继续翻炒一会儿即可装盘。

·营养贴士· 本道菜具有开胃消食、强身健
体的功效。

椒麻**蒸鹅**

主料 鹅肉 500 克

配料 花椒、香葱、食盐、香油、味精、白芝麻、高汤各少许

·操作步骤·

① 锅置火上，放入花椒、白芝麻炒熟，捣碎；香葱洗净切末，与花椒、白芝麻、食盐、香油、味精、高汤调匀，制成椒麻酱汁备用。

② 鹅肉洗净，焯热水，切块，放入盘中。

③ 将椒麻酱汁淋在鹅块上，入蒸笼蒸至鹅肉熟透取出即可。

·营养贴士· 鹅肉脂肪的熔点很低，质地柔软，容易被人体消化吸收。

乳鸽**砂锅**

主料 乳鸽 900 克，大白菜、笋尖各 100 克

配料 姜、蒜、葱各 5 克，食用油 50 克，料酒 15 克，胡椒粉 5 克，白汤、味精、鸡精各适量

·操作步骤·

① 姜、蒜、葱切片；大白菜切成 4 厘米见方的片状；笋尖洗净分拆，装入砂锅备用。

② 乳鸽去掉内脏，斩成 4 厘米的方块，放入沸水中余水，捞出。

③ 炒锅放在火上，倒油烧热，放入姜片、蒜片、葱片、乳鸽肉炒香。

④ 放入白汤、味精、鸡精、料酒、胡椒粉煮大约 10 分钟，撇净浮沫，倒入砂锅内即可。

·营养贴士· 本道菜具有健脑提神、提高记忆力的功效。

脱骨鸡爪

主料 鸡爪 500 克，花生碎、辣椒油、葱丝各适量

配料 红椒圈、胡椒粉、食盐各适量

操作步骤

准备所需主材料。

锅中放入适量水，把鸡爪放入水中煮熟后捞出。

将熟鸡爪去骨后放入碗中。把食盐、胡椒粉、红椒圈、葱丝与辣椒油搅拌，倒入装有鸡爪肉的碗中。

搅拌均匀后装盘，最后撒上花生碎即可。

烹饪心得

营养贴士：鸡爪的营养价值颇高，含有丰富的钙质及胶原蛋白，不但能软化血管，同时具有美容功效。

操作要领：煮鸡爪时先用大火烧开，然后转小火，让锅中的水保持微沸状态，加锅盖焖煮 10 分钟左右，视鸡爪油润饱满且断生时立即捞出。

野山椒炒鸭

主 料 鸭腿 400 克

配 料 香葱、野山椒、豆豉、红杭椒、梅
干菜、白芝麻、食盐、熟猪油、酱油、
料酒、胡椒粉、味精各适量

操作步骤

① 鸭腿洗净，放入开水锅中煮熟，捞起晾凉，
切块；野山椒切丁；红杭椒洗净切丁；香
葱洗净切成葱花；梅干菜泡发，洗净切末；
白芝麻炒熟备用。

② 锅中放熟猪油加热，放入鸭块、料酒、
野山椒、食盐、梅干菜炒匀，加入豆豉、
酱油、胡椒粉、味精炒熟。

③ 放入红杭椒圈、白芝麻拌匀，盛出装盘，
点缀葱花即可。

营养贴士 鸭肉性味甘、寒，入肺、胃、
肾各经，有滋补、养胃、补肾、
除骨蒸痨热、消水肿、止热痢、
止咳化痰等作用。

香芋焖鸭

主 料 香芋 250 克，米鸭适量

配 料 姜 6 克，葱 2 根，老抽 12 克，生
抽 6 克，食盐 5 克，糖 10 克，酒、
油、料酒、胡椒粉、麻油各适量

操作步骤

① 香芋去皮，洗净切块，过油备用；葱切
段备用。

② 米鸭洗净，沥干水分，斩块，用少许酒
和胡椒粉拌匀腌渍。

③ 锅中放油烧热，放入姜、葱爆香，放入
鸭块、料酒炒香。

④ 放入香芋、老抽、生抽、食盐、糖、胡
椒粉、麻油、水，盖上锅盖，用中火焖烧
至鸭块酥软即可。

营养贴士 本道菜具有散积理气、清热镇
咳的功效。

红腰豆鹌鹑煲

主 料 鹌鹑1只，红腰豆50克，南瓜300克

配 料 生姜、香葱各10克，味精2克，胡椒粉、食盐各3克，香油、油、高汤各适量

·操作步骤·

① 红腰豆洗净；生姜洗净切片；香葱洗净切段；南瓜洗净去皮，切块备用。

② 将鹌鹑宰杀去毛，去内脏、脚爪，入沸水锅内焯去血水，对砍成两块，再用清水洗净。

③ 锅置火上，倒油烧热，放入红腰豆、葱段、生姜片、胡椒粉、食盐略炒，加入高汤，旺火烧开，放入鹌鹑，小火炖至鹌鹑九成熟，加入南瓜、味精，待熟后拣去香葱、姜片，装碗，滴上香油即可。

·营养贴士· 鹌鹑肉营养丰富，含有多种对人体有益的维生素，能提高人体免疫力。

·操作要领· 炒红腰豆和葱段时宜用小火，不放油为佳。

麻味**鸭膀丝**

主 料 ▷ 鸭翅2块，姜适量

配 料 ▷ 麻辣香油、辣椒段、食
盐、酱油各适量

操作
步骤

准备所需主材料。

锅中放入适量水，把鸭翅放入沸水中。

把姜切成末放入锅中，放入食盐、酱油，把鸭翅煮熟后捞出。

把熟鸭翅切成段，与辣椒段一起摆盘，浇上麻辣香油即可。

烹饪心得

营养贴士：鸭翅中的脂肪酸熔点低，易于消化；所包含B族维生素与维生素E也比较多。

操作要领：鸭翅在水中大火开锅后，转小火煮30分钟左右即可。

白萝卜炖兔肉

主 料 白萝卜 300 克，兔肉 250 克

配 料 高汤、食盐、白胡椒粉、干红辣椒、料酒、葱、姜、花椒、酱油各适量

·操作步骤·

① 白萝卜洗净，切滚刀块；兔肉切块，放入沸水锅中焯水。

② 坐锅热油，放入葱、姜、花椒、干红辣椒爆香；放入兔肉、酱油翻炒。

③ 放入白萝卜、食盐、料酒翻炒。

④ 倒入高汤炖煮至汤汁收紧，最后放入白胡椒粉、食盐调味即可。

·营养贴士· 兔肉属高蛋白、低脂肪、少胆固醇的肉类，常吃可强身健体。

酸菜鸭血锅

主 料 鸭血 500 克，酸菜 100 克，肉片 50 克

配 料 麻辣汤底料适量

·操作步骤·

① 鸭血洗净，切成长条备用；酸菜洗净，切成片备用。

② 锅中放水烧开，将鸭血放进锅中氽烫一下，捞起沥干水分。

③ 在另一锅中倒水烧开，放入酸菜焯烫一下，捞出备用。

④ 酸菜、肉片、鸭血块依次放入锅中煮沸，加入麻辣汤底料拌匀即可。

·营养贴士· 本道菜具有补血、解毒的功效。

野兔炖萝卜

主料 野兔1只，白萝卜1个

配料 葱、姜、蒜、干红辣椒、八角、香叶、桂皮、冰糖、红烧酱油、料酒、油、食盐各适量

· 操作步骤 ·

① 野兔宰杀洗净，剁成小块，用开水氽烫至变色，捞出洗净，沥干水分备用；白萝卜切块。

② 锅中放油烧热，放入葱、姜、蒜、干红辣椒、八角、香叶、桂皮爆香。

③ 放入红烧酱油，小火炒出酱香味，然后放入兔肉，用大火煸炒，烹入料酒后继续煸炒至收干水分。

④ 添加热水，用大火煮沸，撇掉浮沫，加一小块冰糖，调成中火，炖煮至当水分剩下一半，加入白萝卜块和食盐，小火炖煮。

⑤ 当兔子肉能够被筷子轻松插透，白萝卜没有硬芯时，再添加一点味精调味即可。

· 营养贴士 · 本道菜具有健脑益智、祛病强身的功效。

荷叶麻辣兔卷

主料 兔肉、荷叶饼各适量

配料 油、酱油、豆豉、糖、香葱、黄瓜、食盐、蘑菇精、花椒面、泡辣椒、红辣椒各适量

· 操作步骤 ·

① 兔肉洗净，放入沸水锅中煮熟，捞出晾凉，切成丁；黄瓜切片；香葱切粒；豆豉剁碎；部分泡辣椒切丁，余下的泡辣椒切圈；红辣椒切丁。

② 炒锅内放油烧热，放入泡辣椒炒至出油，放入红辣椒丁和豆豉炒香。

③ 放入兔肉、酱油、糖、食盐、蘑菇精、花椒面煸炒后关火。

④ 平铺荷叶饼，卷入兔肉丁和黄瓜片，再用泡辣椒圈套住荷叶饼卷，最后用黄瓜片和红辣椒花做装饰即可。

· 营养贴士 · 本道菜具有补中益气、凉血解毒的功效。

红焖**兔肉**

主料▶ 兔肉 300 克, 土豆
200 克

配料▶ 小灯笼椒 50 克,
蒜苗 40 克, 熟猪
油 60 克, 食盐 3 克,
陈醋 20 克, 酱油
10 克, 生姜 10 克,
八角、桂皮、花椒
各 1 克, 鸡精、白
糖各适量

·操作步骤·

① 兔肉洗净, 泡去血水, 切块, 放入清水
锅中煮开, 捞起冲净; 蒜苗洗净, 去茎
留叶, 切段; 土豆去皮洗净, 切块; 姜拍
松备用。

② 将兔肉块、小灯笼椒、姜、八角、桂皮、
花椒、白糖放入锅中, 倒入开水, 撇去浮
沫, 放入土豆、食盐, 盖上锅盖, 用小火
烧至兔肉九成熟。

③ 放入蒜苗、熟猪油、陈醋、酱油, 用大
火收汁, 拣去姜、八角、桂皮、花椒, 调
入鸡精即可。

·营养贴士· 兔肉富含大脑和其他器官发
育不可缺少的卵磷脂, 有健
脑益智的功效。

·操作要领· 兔肉非常嫩, 本身没什么怪
味, 所以不必先腌。

尖椒炒鲫鱼

主 料 鲫鱼 600 克，青杭椒、红杭椒各 40 克

配 料 植物油 60 克，辣椒酱、料酒各 15 克，白芝麻、食盐 3 克，淀粉 30 克，味精 2 克，香葱 10 克，大蒜 5 克

·操作步骤·

① 鲫鱼宰杀洗净，去鳞、内脏，切块，用淀粉、食盐、料酒腌渍 10 分钟；青杭椒、红杭椒洗净切斜圈；白芝麻炒熟；大蒜去皮切片；香葱洗净切末备用。

② 锅中倒植物油加热，放入鲫鱼块，两面略煎，盛起控油。

③ 锅中留底油，放入大蒜爆香，放入青杭椒、红杭椒、鱼块，小火翻炒至五成熟，加入食盐、辣椒酱翻炒至熟。

④ 加入味精、白芝麻拌匀，点缀葱花即可。

·营养贴士· 鲫鱼的药用价值极高，其性平味甘，入脾、胃二经，具有和中补虚、温胃、补脾益气之功效。

·操作要领· 煎炸鲫鱼时应等到淀粉凝固在鲫鱼上再盛出。

红烧**鱼唇**

主 料 干鱼唇 100 克，冬菇 50 克

配 料 食盐 5 克，生姜 15 克，味精、胡
椒粉各 2 克，香葱 50 克，熟猪油
75 克，红糖 10 克，菜心、绍酒、
鸡汤各适量

·操作步骤·

① 干鱼唇入沸水锅内焖 90 分钟，取出后刮
去沙质，剔骨洗净，切块，盛入另一锅内，
倒入鸡汤，用小火焖 90 分钟取出。

② 将冬菇泡发，撕朵；菜心洗净，切段；生
姜去皮，洗净切块；香葱洗净，切段备用。

③ 炒锅置旺火上，倒入熟猪油烧至五成热，
放入姜、葱炒香，加入鸡汤、绍酒、食盐、

红糖、胡椒粉、鱼唇烧沸，撇去浮沫，用
小火焖煮至熟，拣去姜、葱，用旺火收汁，
放入味精拌匀。

④ 取另一炒锅置旺火上，倒入熟猪油烧至
六成热，放入菜心略炒，放入鸡汤、冬菇、
食盐烧入味，入盘垫底，将鱼唇连汁浇在
上面即可。

·营养贴士· 长期食用冬菇，还可以预防
肝硬化，抑制胆固醇，促进
人体新陈代谢。

·操作要领· 干鱼唇放容器内，注入开水，
加盖泡 3 ~ 4 个小时即可去
沙，如有去不了的，可再用
开水焖煮一次。

花椒麻鱼条

主 料 ▶ 草鱼 500 克

配 料 ▶ 干辣椒、花椒、食盐、料酒、大葱、生姜、生抽、白糖、鸡精、食用油各适量

·操作步骤·

① 大葱洗净切段；生姜去皮，洗净拍松；草鱼去五脏，取中间段洗净，切成长条，放入食盐、料酒、大葱、生姜拌匀腌 5 分钟。

② 锅置火上，倒食用油，加热至六成热，放入干辣椒、花椒爆香。

③ 放入鱼肉炸至金黄色捞出装盘，拣去干辣椒。

④ 放入生抽、白糖、鸡精拌匀，使鱼肉入味即可。

·营养贴士· 草鱼含有丰富的不饱和脂肪酸，对血液循环有利，是心血管患者的良好食物。

·操作要领· 鱼腌的时间不宜太长，否则草鱼肉质易老。

干煎黄花鱼

主料 黄花鱼3条，面粉150克

配料 料酒、食用油、食盐、味精各适量

操作步骤

准备所需主材料。

在黄花鱼身上划几刀，放入盆中，用料酒、食盐、味精腌渍30分钟。

将面粉放入盆中，将黄花鱼身上裹满面粉。

锅内放入食用油，油热后放入黄花鱼煎熟即可。

烹饪心得

营养贴士：黄花鱼含有丰富的蛋白质、矿物质和维生素，对人体有很好的补益作用。
尤其是对体质虚弱者和中老年人来说，食用黄鱼会收到很好的食疗效果。

操作要领：煎鱼时小火慢煎，不宜过勤地翻动。

赤肉煲干鲍鱼

主料 红肉400克，干贝50克，桂圆9克，枸杞、干鲍鱼各适量

配料 香油、食盐、料酒、胡椒粉、生菜叶各适量

操作步骤

① 红肉洗净，切块，氽烫去血水后捞出；干贝、干鲍鱼泡软备用；桂圆去皮。

② 砂锅内倒水烧开，放入红肉、鲍鱼、干贝、枸杞和桂圆。

③ 加盖大火煮开，改小火焖煮2个小时。

④ 加入食盐、料酒、胡椒粉、香油调匀即可，最后放上一小棵生菜叶作为装饰。

营养贴士 本道菜具有滋阴平肝、调经润燥的功效。

酱焖带鱼

主料 带鱼2000克

配料 食盐、酱油、醋、姜丝、料酒、西红柿、元贞糖、调和油、生粉、葱花各适量

操作步骤

① 带鱼洗净切段，用料酒、食盐、调和油、酱油、姜丝腌渍15分钟，粘上生粉。

② 油锅中放调和油加热，放入带鱼炸成金黄色后装盘。

③ 锅中留底油，放入西红柿、料酒、元贞糖、食盐、调和油、酱油和醋翻炒至西红柿炒成酱泥。

④ 放入带鱼，盖上锅盖焖烧至汤汁略微收干，撒上葱花即可。

营养贴士 西红柿具有减缓色斑、延缓衰老的功效。

椒麻蒸鱿鱼

主料 鱿鱼 500 克

配料 料酒、生抽各 10 克，白糖、鸡精、青花椒各 2 克，香油 3 克，食盐 10 克，胡椒粉 1 克，香葱 10 克，黄彩椒、红彩椒各 20 克，豇豆 30 克，高汤 25 克，植物油适量

·操作步骤·

① 鱿鱼洗净，切十字刀花，用料酒、食盐腌渍；香葱洗净切末；黄彩椒、红彩椒洗净切片；豇豆洗净切段。

② 锅中倒植物油烧热，放入青花椒略炒盛出，趁热放入高汤中，加入生抽、白糖、食盐、香油、鸡精、胡椒粉、葱末拌匀，制成椒麻酱汁。

③ 黄彩椒、红彩椒、豇豆入沸水焯熟，盛出备用。

④ 将鱿鱼摆放在盘中，淋上酱汁，入蒸笼蒸至鱿鱼熟透、酱汁浓缩时取出，放上黄彩椒、红彩椒、豇豆即可。

·营养贴士· 鱿鱼的营养价值非常高，富含蛋白质、钙、牛磺酸、磷、维生素 B_1 等多种人体所需的营养成分。

·操作要领· 葱末一定要切碎，这样才能使鱿鱼充分入味。

黄豆酥蒸鳕鱼

主 料▶ 鳕鱼 200 克，黄豆酥 150 克，红彩椒 100 克

配 料▶ 香葱 10 克，料酒、水淀粉各 10 克，白糖 2 克，香油 5 克，植物油 20 克，食盐 5 克，白胡椒粉 3 克，高汤 30 克

·操作步骤·

① 鳕鱼洗净，切厚片，用料酒、食盐和白胡椒粉腌渍 10 分钟；黄豆酥敲散；红彩椒、香葱洗净切末。

② 鳕鱼放入盘中，上面覆盖黄豆酥，撒上红彩椒、香葱，放入蒸笼蒸至鱼块熟透。

③ 锅中倒入植物油加热，将水淀粉、白糖、香油、高汤、食盐和白胡椒粉倒入一个大碗中搅拌均匀，倒入锅中煮开，淋在鱼块上即可。

·营养贴士· 鳕鱼含有人体所所需的维生素 A、维生素 E、维生素 D 和其他多种维生素。

泡菜烧鱼块

主 料▶ 鱼块 230 克

配 料▶ 料酒、醋、鸡精、五香粉、油、食盐、姜丝、蒜、泡菜、泡椒、香葱各适量

·操作步骤·

① 鱼块洗净，加五香粉、料酒、姜丝和食盐腌渍；泡椒洗净，切斜段。

② 锅中放油烧热，放入姜、蒜炒香。

③ 倒入鱼块，放入泡椒、水烧一会儿。

④ 放入泡菜、醋继续烧至入味，最后加鸡精、香葱拌匀即可。

·营养贴士· 本道菜具有开胃提神、醒酒去腻的功效。

辣炒鳗鳞

主 料 鳗鳞 600 克

配 料 干辣椒 10 克，油、花椒、葱、姜、
蒜、青椒、红椒、老抽、白胡椒粉、
白酒、糖各适量

·操作步骤·

① 鳗鳞鱼去除内脏，洗净切段。

② 锅中放油，烧至七成热，放入干辣椒、
花椒炸香。

③ 放入葱、姜、蒜稍炒，然后放入青椒、

红椒、鳗鳞翻炒。当炒到鳗鳞发白时加一
点老抽和白酒翻炒均匀。

④ 倒入没过鳗鳞的水，用大火烧开收汁，
放入白胡椒粉、糖翻炒均匀即可。

·营养贴士· 鳗鳞又叫海鳗，具有补虚养
血、祛湿抗结核的功效。

·操作要领· 可以在锅中放一个八角去除
鳗鳞的腥味。

酱爆**香螺**

主 料 香螺 500 克

配 料 圣女果 50 克，苦菊 30 克，辣酱 50 克，番茄酱 10 克，植物油 40 克，食盐 5 克，料酒 30 克，蒜苗 20 克，鸡精、味精各 1 克

·操作步骤·

① 香螺洗净，入沸水焯5分钟，晾凉；圣女果、苦菊洗净；蒜苗去茎取叶，洗净切末。

② 锅置火上，倒植物油烧热，下入香螺、料酒、食盐、辣酱，大火翻炒出香；加少许开水，盖盖焖上 3 分钟。

③ 加入蒜苗、番茄酱、鸡精、味精，大火收汁，出锅后点缀圣女果和苦菊即可。

·营养贴士· 此菜有凉血去火、美容养颜之功效。

辣炒**海瓜子**

主 料 海瓜子 750 克

配 料 辣椒酱 50 克，葱 25 克，姜 50 克，蒜 20 克，色拉油、食盐、味精各适量

① 海瓜子冲洗干净，在水中浸泡后控干水分；葱、姜、蒜切末。

② 锅中放色拉油，小火加热，放入葱末、姜末、蒜末爆香。

③ 加入辣椒酱、海瓜子炒匀。

④ 待大部分海瓜子张开口以后放少许食盐，等所有海瓜子都张开口以后关火，撒上味精提鲜即可。

·营养贴士· 海瓜子具有调节血脂、预防心脑血管疾病的作用。

紫茄炖梭蟹

主料 梭蟹 2 只, 洋葱、紫茄各 1 个

配料 食用油、辣椒酱、食盐、味精各适量

操作步骤

准备所需主材料。

将梭蟹肢解成小块。

将紫茄切成长条状；将洋葱切末。

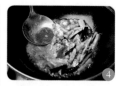

锅内放入食用油，油热后放入辣椒酱、洋葱末爆香，放入梭蟹翻炒片刻，放入紫茄翻炒，再放入适量水进行炖煮，至熟后放入食盐、味精调味即可。

烹饪心得

营养贴士：梭蟹含有丰富的蛋白质、较少的脂肪和糖类，还含有丰富的钙、磷、钾、钠、镁、硒等微量元素。

操作要领：收拾梭蟹时，将蟹钳剁下留用；将蟹壳剥离后把蟹肉、蟹黄挑出留用。

啤酒香辣蟹

主料 小海蟹 200 克

配料 火锅底料、黄豆酱、香叶、啤酒、干辣椒、油、姜末、蒜末、葱片、大料、花椒、糖各适量

· 操作步骤 ·

① 小海蟹洗净，每各切成 4 瓣备用。

② 锅内倒油烧热，放入葱片、姜末、蒜末、干辣椒炒香。

③ 依次放入黄豆酱、火锅底料、花椒、香叶和大料翻炒出香味。

④ 倒入小海蟹翻炒，最后放入啤酒、糖，中火烧沸 6 分钟即可装盘。

· 营养贴士 · 本道菜能够滋补身体，对结核病的康复可起到促进作用。

豆豉炒蛏子

主料 蛏子 400 克

配料 豆豉 100 克，植物油 50 克，香葱 15 克，红杭椒 20 克，生姜 4 克，辣椒油 3 克，食盐 4 克，鸡精 1 克，料酒 5 克

· 操作步骤 ·

① 蛏子放在淡盐水中浸泡 2 个小时，吐尽泥沙，捞出沥干。

② 将蛏子肉去杂物洗净，焯水；红杭椒洗净切圈；香葱洗净切小段；生姜去皮切末。

③ 锅内放植物油加热，放入姜末、红杭椒、豆豉、辣椒油煸出香味，倒入蛏子、料酒、食盐、鸡精翻炒至蛏子壳开入味，加入香葱即可出锅。

· 营养贴士 · 蛏子肉味甘、咸，性寒，有清热解毒、滋阴除烦、益肾利水、清胃治痢、产后补虚等功效。

辣春笋

主 料 春笋 300 克，瘦肉 200 克，土豆 100 克

配 料 食盐 5 克，辣椒酱 20 克，豆瓣酱、酱油、淀粉、料酒、熟猪油各适量

操作步骤

① 春笋去壳，切去老根，纵向剖开，入沸水焯软，取出投凉；瘦肉洗净切片，用淀粉、食盐、料酒腌渍 10 分钟；土豆去皮切块，浸入凉水中备用。

② 锅内倒入熟猪油烧热，放入瘦肉煸炒至与淀粉合为一体，加入春笋、食盐、豆瓣酱、料酒煸香；加入土豆，炒匀后加入少许水，用大火焖 3 分钟。

③ 加入辣椒酱、酱油，以大火焖烧至熟，收干汤汁即可出锅。

营养贴士
春笋含有丰富的植物蛋白以及钙、磷、铁等人体必需的营养成分和微量元素。

操作要领
春笋吸油能力强，所以此菜一定要多放油，且以熟猪油为最佳。

53

苦瓜蒸肉丸

主料 苦瓜 500 克，瘦肉 600 克，鸡蛋 150 克

配料 熟猪油、海鲜酱汁各 100 克，生姜、大葱各 15 克，食盐 15 克，生抽 20 克，料酒 25 克，味精 2 克，胡椒粉 3 克，淀粉 30 克

·操作步骤·

① 苦瓜洗净，切成 2 厘米长的段，掏去瓜瓤；生姜去皮切末；大葱洗净切末备用。

② 瘦肉洗净剁成末，加鸡蛋、姜末、葱末、食盐、生抽、料酒、味精、胡椒粉、淀粉搅匀，挤成丸子。

③ 锅中倒入熟猪油，烧热，放入苦瓜段稍炸，捞出装盘；放入丸子稍炸，捞出后放在苦瓜段上。

④ 上笼蒸熟，取出淋上海鲜酱汁即可。

·营养贴士· 此菜有养血滋肝、和脾补肾、清热祛暑、明目解毒之功效。

虾米烧茭白

主料 茭白 750 克，虾米 15 克

配料 淀粉 10 克，花生油 150 克，葱姜油 50 克，鸡油 10 克，食盐 5 克，味精 2 克，糖 3 克，鸡汤、料酒各适量

·操作步骤·

① 茭白去皮去根切块；虾米洗净，泡在温水中。

② 锅内倒花生油，加热到六成热，放入茭白，炸至金黄色时捞出控油。

③ 在另一锅中加葱姜油烧热，放入虾米爆香。

④ 烹入料酒，添加鸡汤、食盐、糖和味精，放入茭白块用小火炖煮，直到汤汁少于一半，用淀粉调成茭汁勾芡，淋上鸡油即可。

·营养贴士· 茭白具有祛热生津、除湿通利的功效。

辣炒什锦丁

主 料 瘦肉 200 克，莴笋 150 克

配 料 红椒 25 克，油 20 克，蒜末、葱末
各 5 克，食盐 5 克，料酒 2.5 克，
生粉 8 克，鸡粉、糖、郫县豆瓣酱、
生抽、清鸡汤各适量

·操作步骤·

① 瘦肉洗净切丁，放入食盐、料酒、生粉
和鸡粉腌渍 15 分钟；莴笋去皮，洗净切丁；
红椒洗净，去蒂去籽切段。

② 郫县豆瓣酱、生抽、生粉、清鸡汤和糖
混合，做成芡汁。

③ 锅中倒入 10 克油，烧热后放入瘦肉滑炒
至变色，盛出备用。

④ 洗净炒锅并晾干，再往锅中倒入 10 克油，
加热后放入葱末、蒜末炒香，然后放入莴
笋、红椒、瘦肉翻炒均匀，淋上芡汁炒匀
煮沸即可。

·营养贴士· 莴笋有利于促进排尿，减少
心脏压力。

·操作要领· 使用郫县豆瓣酱，即可以使
做出来的菜脆嫩多汁，还能
增添鲜辣味。

白干**炒腊里脊**

主 料 腊里脊肉 150 克，青尖椒、红尖椒各 50 克，白干适量

配 料 食用油、蒜、食盐、料酒、酱油、鸡精各适量

·操作步骤·

① 腊里脊肉在水中泡 1 个小时，上笼蒸熟，切薄片；青尖椒、红尖椒斜刀改长段；蒜切片；白干切段。

② 锅内倒食用油烧至四成热，放入蒜片爆香，放入白干炸至外皮变硬，捞出备用。

③ 锅清理干净后再次倒油，烧至六成热，放入青尖椒段、红尖椒段、蒜片炒香，下白干、腊里脊肉、食盐、料酒、酱油、鸡精翻炒均匀，待各料味道融合后起锅装盘。

·营养贴士· 本道菜具有开胃下饭、美容养颜的功效。

红烧**板栗**

主 料 鲜板栗 200 克，里脊肉 150 克，白萝卜 250 克，红彩椒 100 克

配 料 熟猪油 50 克，淀粉 60 克，白糖 10 克，食盐、料酒、鸡精、高汤各适量

·操作步骤·

① 里脊肉洗净切片，裹上淀粉，用食盐、料酒腌渍 10 分钟。

② 鲜板栗、白萝卜去皮洗净，切块；红彩椒去籽洗净，切片。

③ 锅中倒入熟猪油，放入里脊肉，小火炒至变色，加入鲜板栗、白萝卜炒 2 分钟，倒入高汤焖煮至板栗八成熟，加入红彩椒、食盐、白糖、鸡精，大火煮至熟透即可。

·营养贴士· 板栗性甘温，无毒，有健脾补肝、强身壮骨的作用。

五花肉炖芋头

主 料 芋头 400 克，五花肉 200 克，粉条 50 克，香菜 20 克

配 料 食用油、食盐、料酒、味精各适量

操作步骤

准备所需主材料。

将粉条切段后用清水浸泡；将五花肉切成片；将香菜切成大段。

将芋头切成滚刀块。

锅内放入食用油，油热后放入五花肉、料酒、粉条、芋头翻炒片刻；锅内放入适量的水进行炖煮，至熟后放入食盐和味精调味拌匀，以香菜点缀即可。

烹饪心得

营养贴士： 芋头中富含蛋白质、钙、磷、铁、氟、钾、镁、钠、胡萝卜素、烟酸、维生素 C、B 族维生素、皂角苷等多种成分。所含的矿物质中，氟的含量较高，具有洁齿防龋、保护牙齿的作用。

操作要领： 不要将芋头炖得太老。

盐煎肉

主料 五花肉 250 克

配料 葱 25 克，红椒 25 克，郫县豆瓣、豆豉、食用油、白酒、食盐、糖各适量

· 操作步骤 ·

① 五花肉切成薄片，用适量白酒和食盐腌渍 15 分钟；郫县豆瓣和豆豉用刀剁碎；葱切片；红椒洗净切条。

② 锅中倒食用油，小火加热，放入五花肉煸出油和香味，颜色变黄，出现卷曲时盛出。

③ 用中火加热底油，放入葱片、郫县豆瓣和豆豉炒香。

④ 将肉片、红椒条放入锅中翻炒均匀，加入少许糖调味即可。

· 营养贴士 · 本道菜具有补铁、预防贫血的功效。

五花肉炖鲜笋

主料 竹笋 250 克，五花肉 400 克

配料 食盐、姜、八角、料酒、生抽、老抽、葱花各适量

· 操作步骤 ·

① 竹笋切块，焯水备用；五花肉煮熟切块。

② 五花肉与八角、料酒、生抽、老抽、食盐、姜放在一起腌渍 30 分钟捞出。

③ 五花肉和竹笋一起放入锅中，加水后大火烧开，然后用小火慢炖。

④ 待五花肉炖软，用大火略微收汁，表面撒上一些葱花即可。

· 营养贴士 · 本道菜具有增强机体免疫力的功效。

陈皮肉粒

主料 五花肉 400 克

配料 食用油、干红辣椒、白芝麻、食盐、陈皮、酱油、红油、白糖、味精、生姜、葱各适量

操作步骤

① 生姜切片；葱切段；五花肉洗净，切小块，放入容器中，用食盐、酱油、生姜、葱腌渍片刻。

② 锅置火上，倒入食用油，烧至八成热，放入肉块炸干，捞出放入另一锅中，加适量清水，大火烧至肉块酥透。

③ 陈皮用水泡软，切末；干辣椒去籽切段；剩下的生姜、葱切碎。

④ 锅内放油烧热，放入干红辣椒段炒出辣味，放入葱末、姜末、肉块、酱油、食盐、白糖、味精、白芝麻炒匀，用大火收汁，淋上红油拌匀即可出锅。

营养贴士 本道菜具有补肾养血、滋阴润燥的功效。

操作要领 白芝麻也可以事先炒香，这样口味会更加诱人。

铁板菜花

主料 菜花500克，五花肉适量

配料 香菜1小把，干辣椒5克，食盐5克，
葱25克，蒜泥5克，生抽、蚝油、
辣椒酱各适量

·操作步骤·

① 菜花掰成小朵，盐水浸泡后沥干水分；
香菜洗净切段；葱切花；干辣椒切段。

② 锅中倒入水加热，放入菜花焯水。

③ 炒锅内倒油加热，放入干辣椒段和葱花
爆香，放入五花肉、菜花翻炒。

④ 放入蒜泥、香菜、辣椒酱翻炒均匀，淋
上生抽和蚝油炒匀即可出锅。

·营养贴士· 本道菜具有生津止渴、利尿通
便的功效。

梅干菜蒸五花肉

主料 带皮五花肉300克，梅干菜70克

配料 老抽、冰糖、蚝油、生抽、料酒、
食盐各适量

·操作步骤·

① 带皮五花肉洗净，放入加有料酒的水里，
大火煮15分钟；梅干菜用水泡发，洗净
切成小段。

② 五花肉切小块，加入老抽、冰糖、蚝油、
生抽、食盐拌匀。

③ 盘底放梅干菜垫底，再放入五花肉，上
蒸锅大火蒸20分钟，转小火再蒸70分钟
即可。

·营养贴士· 本道菜有解暑热、消积食、生
津开胃的功效。

五彩白菜

主料➡ 大白菜、海带、胡萝卜、香干、蒜苗、猪肉丝各适量

配料➡ 食盐、味精、葱、姜、生抽、芝麻各适量

·操作步骤·

① 大白菜洗净切段；海带、香干、胡萝卜切丝；蒜苗切段。

② 锅中倒油烧热，放入香干和胡萝卜过油。锅中留底油，放入葱、姜煸炒，然后放入肉丝煸炒出油。

③ 放入生抽、白菜、海带丝翻炒至软烂。

④ 放入香干、蒜苗、胡萝卜、食盐、味精翻炒均匀，出锅前撒上适量芝麻即可。

·营养贴士· 本道菜具有化痰清热、降血压的功效。

·操作要领· 在煸炒肉丝时要使用中火不断翻炒。

什锦**肥肠锅**

主 料 肥肠 350 克，胡萝卜 100 克，洋葱 250 克

配 料 姜 50 克，干红辣椒段、花椒、酱油、食用油、食盐、味精各适量

操作
步骤

准备所需主材料。

把胡萝卜切片；洋葱切成三角块；姜切片；肥肠切圈。

锅内放入食用油，油热后放入花椒、干红辣椒段翻炒片刻，放入肥肠、姜片、酱油翻炒片刻，再放入适量水炖煮。至熟后放入食盐、味精调味即可。

将胡萝卜和洋葱放入碗碟底部，放入炒好的肥肠即可。

营养贴士：肥肠性寒味甘，具有润肠、补虚的功效，一般人均可食用，但患感冒期间要忌食。

操作要领：肥肠切段后，先用沸水焯一下再使用。

辣子**肥肠**

主料 生肥肠 800 克

配料 植物油 70 克，干红椒 20 克，香葱、
生姜、大蒜各 5 克，料酒、酱油各
10 克，食盐 4 克，花椒适量

·操作步骤·

① 香葱洗净切段；生姜、大蒜去皮切片；
干红椒洗净切段；生肥肠洗净，放入开水
锅中，加入葱段、姜片、花椒、料酒煮软，
捞起切成小段。

② 炒锅置火上，倒植物油烧至六成热，放入
蒜片炒香，加入肥肠段，煸至没有水分后

盛出。

③ 炒锅再次倒油烧热，放入辣椒段、花椒，
中火炒至变色后倒入大肠、料酒、酱油、
食盐翻炒至肥肠入味，辣椒变色即可。

·营养贴士· 肥肠含有丰富的氨基酸、蛋白
酶、微量元素，对增强体质
有一定的帮助，但不能多吃。

·操作要领· 清洗猪肠时把肠口小的一头
用细绳扎紧，放在水里往里
灌水，把肠内壁翻出来，用
食盐、干面粉反复揉搓，清
除肠壁上的污物。

辣汁**泥肠**

主 料▶泥肠 300 克

配 料▶洋葱、胡萝卜、干辣椒、辣酱油、
糖、鸡精、食用油各适量

·操作步骤·

① 泥肠洗净切片；洋葱切丝；胡萝卜洗净，
去皮切丝；干辣椒泡透，切丝。

② 锅中倒食用油，加热到七八成热，放入
泥肠，至其胀大时捞出备用。

③ 加热锅内底油，放入辣椒丝、洋葱丝和
胡萝卜丝煸香，倒入辣酱油、糖、鸡精与
泥肠一起翻炒均匀即可。

·营养贴士· 泥肠具有补脾开胃、滋阴生津
的功效。

梅干菜**肥肠**

主 料▶猪大肠 250 克，梅干菜 100 克

配 料▶食盐、醋、葱、姜、八角、料酒、
老抽、调和油、糖、尖椒各适量

·操作步骤·

① 猪大肠放入开水中氽烫一下，洗净，与
葱、姜、八角、尖椒、料酒放在冷水锅
中煮开。

② 添加少许老抽、食盐，调成小火，将猪
大肠煮 1 个小时，取出切成小块。

③ 梅干菜洗净，在水中浸泡 20 分钟，沥水，
其间更换 1 至 2 次水。

④ 猪大肠、梅干菜、糖、调和油、老抽、醋
（几滴）和少量料酒放入锅中煮开，调成
小火继续煮至梅干菜变软即可。

·营养贴士· 本道菜具有润燥、补虚、止渴、
止血的功效。

火爆**腰花**

主料 猪腰 200 克，竹笋 25 克，胡萝卜 10 克

配料 香葱 25 克，生姜 50 克，辣椒 25 克，食用油 75 克，香油、酱油、料酒、精盐、糖、味精、淀粉、黄酒各适量

· **操作步骤** ·

① 猪腰一切为二，去除杂质，洗净。斜切花纹，切片，放入沸水中汆透捞出，加淀粉与黄酒上浆备用。

② 竹笋去皮，洗净切丝；胡萝卜去皮，洗净切粒；香葱切段；姜切末；辣椒切条。

③ 锅内放食用油加热，放入葱、姜、辣椒爆香，然后放入竹笋、胡萝卜炒香。

④ 加入猪腰炒匀，最后加酱油、精盐、料酒、味精、香油和糖爆炒入味即可。

· **营养贴士** · 本道菜具有补肾的功效。

· **操作要领** · 要用食盐和水淀粉码味上浆。

菜心沙姜**猪心**

主料▶ 猪心 300 克，沙姜 100 克，菠菜 120 克，胡萝卜 50 克

配料▶ 白醋、白酒、食用油、食盐、糖、蚝油各适量

·操作步骤·

① 猪心洗净切条状；沙姜洗净切片；胡萝卜切花形片；菠菜洗净。

② 锅中烧开水，加入适量白醋和白酒，将猪心放入锅中汆一下，捞出投凉。

③ 炒锅放食用油，烧热爆香沙姜片，放入猪心、食盐、糖、蚝油翻炒均匀。

④ 加入适量清水煮沸，文火炖半个小时，加入胡萝卜片和菠菜，继续炖至汤快要收干时，即可。

·营养贴士· 本道菜具有行气温中、消食止痛的功效。

椒麻**猪肝**

主料▶ 猪肝 300 克

配料▶ 葱、姜各 20 克，香油、米酒各 5 克，食盐 10 克，八角 1 克，花椒 3 克，醋 3 克，糖 5 克，红油适量

·操作步骤·

① 葱洗净切花；姜洗净切末；在锅中倒入适量水，煮沸以后放入猪肝汆烫一下。

② 将葱花、姜末、食盐、八角、花椒、醋、水、糖、米酒放入锅中煮开。

③ 放入猪肝，用小火煮 10 分钟，捞出沥干水分。

④ 猪肝切片，码放在盘子里，淋上适量香油和红油，放上一些葱花即可。

·营养贴士· 本道菜具有补血、明目的功效。

酱椒蒸猪手

主料 猪手 750 克，红杭椒、野山椒各
50 克，酱椒适量

配料 蒸鱼豉油 30 克，陈醋、蚝油各 20
克，料酒 10 克，胡椒面、姜末各 3
克，鸡粉、葱花各 5 克，植物油、
味精各适量

·操作步骤·

① 猪手剁块，冲净血水，入清水中浸泡 12
个小时，捞出控干水分。

② 酱椒用水冲去咸味，控水剁碎；野山椒
剁碎；红杭椒洗净切圈备用。

③ 锅内放入植物油，烧至七成热，放入姜
末，小火煸香，再放入酱椒末、野山椒末、
红杭椒圈、蒸鱼豉油、陈醋、鸡粉、味精、
蚝油、料酒、胡椒面炒匀，出锅备用。

④ 猪手放入盘中，淋入炒好的酱汁，上笼
大火蒸 1 个小时，取出后撒葱花即可。

·营养贴士· 猪蹄含有丰富的胶原蛋白，
可促进骨骼生成，保持皮肤
细腻。

·操作要领· 酱椒含盐量很高，而且口味
酸辣，所以烹调前一定要用
水冲去咸味。

巴蜀肋排

主 料▶ 肋排 300 克，土豆 150 克，青椒、红椒各 50 克

配 料▶ 食用油、姜片、蒜末、老抽、花椒、辣椒酱、食盐各适量

·操作步骤·

① 肋排斩成小块，放入开水锅中氽烫，去血沫，捞出备用；土豆切条状；青椒、红椒切段备用。

② 锅热加食用油，油热后加入花椒炸至变色，捞出扔掉，加入排骨小火炸一会儿，再加入姜片、蒜末炒香，放入土豆条、辣椒酱、老抽，大火翻炒使之入味。

③ 加入适量清水、青椒段、红椒段炖至水快干，加食盐调味，翻炒均匀即可出锅。

·营养贴士· 本道菜具有补肾养血、滋阴润燥的功效。

红烧排骨

主 料▶ 排骨 500 克，菜心 200 克

配 料▶ 料酒、醋各 3 克，干红椒 10 克，冰糖、八角各 2 克，桂皮 1 克，葱、姜、食盐各少量，植物油适量

·操作步骤·

① 将排骨切段，放入装有冷水和醋的锅中，烧开后捞出，洗净沥干；生姜切片；葱切段；菜心洗净备用；冰糖敲碎备用。

② 锅中倒植物油烧热，放入冰糖，小火炒至溶化；放入排骨，翻炒至上色后放入料酒炒匀；放入干红椒、八角、桂皮、姜片、葱段、热水，大火烧开，撇去浮沫；放入食盐，盖盖小火焖煮。

③ 待排骨熟透后，捞去干红椒、八角、桂皮、葱段、姜片，加入菜心翻炒至熟即可。

·营养贴士· 排骨有良好的补虚、补钙效果，特别适宜于老年人和儿童食用。

腐乳**排骨**

主 料▶ 排骨 350 克，鸡蛋液 30 克，淀粉、腐乳汁各适量

配 料▶ 葱、姜、料酒、食用油、食盐各适量

操作
步骤

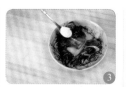

准备所需主材料。

将葱切成葱花，姜切成片。

用鸡蛋液、腐乳汁、料酒、食盐、葱花、姜片把排骨腌渍好后裹上淀粉。

锅内放入食用油，油热后把排骨肉放入油锅，炸熟后捞出控油，即可装盘。

烹 心 得

营养贴士：腐乳富含植物蛋白质，经过发酵后，蛋白质分解为各种氨基酸，又产生酵母等物质，故有增进食欲、帮助消化之功效。

操作要领：腌排骨的时间要掌握好，以 30 分钟为宜。

酸萝卜炒爽肚

主料 猪肚尖 200 克，酸萝卜 60 克

配料 泡椒 5 克，葱 10 克，蒜、姜各 5 克，食盐、生抽、老抽、料酒、糖、辣椒粉、鸡粉、花生油各适量

· 操作步骤 ·

① 酸萝卜切片；泡椒切片；猪肚尖洗净切成薄片；姜、蒜切片；葱切小段。

② 锅中倒花生油烧热，放入姜、蒜爆香，加入料酒，用大火滑炒猪肚尖，盛出备用。

③ 锅中再次放花生油烧热，放入酸萝卜、泡椒、猪肚尖翻炒。

④ 加水稍微煮一下，使猪肚尖入味，最后加上食盐、糖、生抽、老抽、葱段、辣椒粉和鸡粉翻炒均匀即可。

· 营养贴士 · 本道菜具有补虚损、健脾胃的功效。

酸菜炖羊肚

主料 羊肚 400 克，酸菜 300 克

配料 葱 25 克，蒜 48 克，姜 1 块，食用油 30 克，料酒、味精、胡椒粉、食盐、香油各适量

· 操作步骤 ·

① 羊肚洗净切丝，放入开水中汆烫一下，捞出控水；酸菜切丝；姜、蒜洗净切末；葱洗净切花。

② 锅中倒入食用油，烧热，放入葱、姜、蒜、羊肚和酸菜煸香，烹入料酒。

③ 加水烧开，加入味精、食盐、胡椒粉稍微煮一下，淋上香油，撒上一些葱花即可。

· 营养贴士 · 本道菜具有补虚、健胃、益气的功效。

陈皮牛肉

主 料▶牛肉 400 克

配 料▶陈皮 30 克，食用油、麻油、食盐、绍酒、白糖、葱、姜、花椒各适量

·操作步骤·

① 葱、姜切碎；牛肉洗净，去筋切块，盛入碗内，加食盐、绍酒、姜、葱拌均匀，腌20分钟；陈皮用温水浸泡，撕成小块待用。

② 炒锅置旺火上，倒入食用油，烧至八成热，放入牛肉炸至表面变色，水分快干时捞起。

③ 炒锅再次放食用油烧热，放入花椒、陈皮炒香，再放葱、姜、牛肉、盐、绍酒、白糖、清水煮开，改用中火收汁。汁快干时加入麻油，翻炒均匀即可出锅。

·营养贴士· 本道菜具有行气健脾、降逆止呕的功效。

·操作要领· 炸牛肉时要注意掌握火候，一定不要把牛肉皮炸焦了。

彩椒烧仔盖

主料 仔盖300克，彩椒200克

配料 生抽、食盐、鸡精、料酒、姜片、葱段、鲜汤、蚝油、食用油、水淀粉、鲜汤、香油各适量

·操作步骤·

① 彩椒洗净，用手掰成块；仔盖改刀成大柳叶片，用生抽、食盐、鸡精、料酒、姜片、葱段腌渍片刻。

② 炒锅放食用油，油热后放入姜片爆香，再放入仔盖滑炒。

③ 锅留底油，放葱、姜爆香，加鲜汤、蚝油、彩椒块翻炒均匀，捞出葱、姜，用水淀粉勾芡，淋上香油即可出锅装盘。

·营养贴士· 本道菜具有消除疲劳、美容养颜的功效。

·操作要领· 彩椒也可以生吃，所以一定要晚一些放，这样才不影响口感。

湘菜文化

　　湘菜，是我国历史悠久的一个地方风味菜，从其自成体系以来，就以浓郁的地方特色和丰富的内涵驰名海内外，并同其他地方菜系一起，共同构成中国烹饪体系，凝结成华夏饮食文化的精华。

湘菜简介

　　湘菜历史悠久，早在汉朝时期就已经形成菜系，烹调技术也已经具有非常高的水平。湖南地处我国中南地区，气候温暖，雨量充沛，具有非常优越的自然条件。湘西多山，盛产笋、蕈和山珍野味；湘东南为丘陵和盆地，渔牧业非常发达；湘北是著名的洞庭湖平原，素有"鱼米之乡"的称号。《史记》中记载，楚地"地势饶食，无饥馑之患"，"湖广熟，天下足"的谚语更是广为流传。

　　湖南人民在悠久的饮食文化中，经过长期的烹饪实践，创制了丰富多样的菜肴。据考证，早在两千多年前的西汉时期，长沙地区就以兽、禽、鱼等多种材料为原料，采用熬、蒸、煮、炙等多种烹调方法，制作出了各色美味佳肴。随着历史的发展和烹饪技术的不断提高，逐渐形成了以湘江流域、洞庭湖区域和湘西山区三种地方风味为主的湖南菜系。

　　湘江流域菜是湘菜的主流，以长沙、衡阳、湘潭为中心，其中以长沙、衡阳两地为主，制作时讲究菜肴内涵的精致和外形的美观，讲究色、香、味、器、质的和谐统一。洞庭湖区的菜以常德、岳阳两地为主，以制作河鲜、水禽见长；湘西地区的菜主要包括湘西、湘北的民族风味菜，以烹制山珍野味著称。

湘菜特点

基本特色

湘菜非常讲究原料的搭配和滋味的互相渗透。它调味尤重酸辣。由于地理位置的关系，湖南气候温暖湿润，所以当地人非常喜欢吃辣椒，用以提神、祛湿。当地人喜欢用酸泡菜做调料，佐以辣椒烹制菜肴，这样制作出来的菜肴开胃爽口，能令人食欲大增，因此成为当地独具特色的地方饮食习俗。同时，爆炒也是湖南人做菜的拿手好戏。

烹调特色

湘菜不仅历史悠久，而且烹调技法多种多样，在热烹、冷制、甜调三大烹调技法中，每类技法少则几种，多则高达数十种。与其他地方菜系相比，湘菜煨的功夫可谓更胜一筹，可以说已经达到炉火纯青的地步。煨，在色泽变化上可分为红煨、白煨，在调味方面可分为清汤煨、浓汤煨和奶汤煨。小火慢炖，可保证做出来的菜肴原汁原味。用煨的方法做出来的菜肴，有的晶莹醇厚，有的汁纯滋养，有的软糯浓郁，有的酥烂鲜香，都是湘菜中的名馔佳品。

湘菜特色食材

湖南腊肉

腊味是湖南的特产，喜爱吃腊味这种爱好在湖南人的骨子里早已根深蒂固。湖南人多以家禽牲畜或者豆制品类为原料，经过认真选料，精细制作湘菜。腊味品种繁多，具有色彩红亮、

烟熏咸香、肥而不腻、无比鲜美的独特风味。一般在每年快过年的时候开始熏制，可以吃到春节之后。烟熏的腊味，能够杀虫防腐，只要保管得法，随时都可以品尝到，现在已逐渐成为人们普遍食用的美味。

湖南腊肉，也叫三湘腊肉，是以皮薄、肉嫩、体重适宜的宁香猪为原料，经切条、配制配料、腌渍、洗盐、晾干和熏制六道工序加工而成的。湖南腊肉皮色红黄、肌肉棕红、脂肪似腊、咸淡适口、熏香浓郁、食而不腻。腊肉具有很强的防腐能力，能延长保存时间，并增添特有的风味。

攸县香干

攸县香干是湖南著名的地方豆制品土特产，发源于湖南省攸县境内，2000 年后被引入湘菜菜谱并迅速发展，现在已跟随湘菜闻名全国。攸县香干是以新鲜的黄豆为原料制成的，具有锅香浓、韧性足、口感滑嫩、口味纯等特点，是一个老少皆宜的地方特色菜。

攸县香干的加工工艺非常讲究，对用水也非常讲究。攸县的水质好，极少污染。漕泊禹王洞的天然矿泉水、柏市的温泉水和皮佳洞过滤的阴河水都汇入了攸河上游的酒埠江，含有丰富的有益于人体健康的矿物质和微量元素，造就了独一无二的、符合绿色环保要求的水质。

攸县香干的制作方法非常具有特色，全过程传统手工制作，其中有些个别环节，即使能够看懂，也无法做成。有很多外地的朋友将攸县的黄豆买回去，完全按照攸县人教给的制作工艺进行操作，但制作出来的香干，不管是质地还是色泽，都不能与正宗的攸县香干相比，更别说口味了。攸县香干的制作技术是需要长期练习才能够具备的。

➥ 湘菜的特色调料

湘菜的调料种类繁多，其中以湖南本土的调料为主，比如浏阳豆豉、永丰辣酱、长沙玉和醋等。

浏阳豆豉

浏阳豆豉产自湖南浏阳市，是当地知名的土特产。浏阳豆豉以泥豆或小黑豆为原料，经过发酵精制而成，具有颗粒完整匀称、色泽浆红或黑褐、皮皱肉干、质地柔软、汁浓味鲜、营养丰富、易储存不变质等特点。加水泡胀后，汁浓味鲜，是烹调的调味佳品，深受民众的喜爱和欢迎。

浏阳豆豉不仅味道鲜美、气味芳香、无硬心、无杂质、无异味，而且营养丰富，富含糖类、蛋白质、氨基酸、脂肪、酶、烟酸、维生素 B_1、维生素 B_2 等多种营养成分。

浏阳豆豉具有悠久的历史，马王堆汉墓出土物中的豆豉姜与浏阳豆豉十分相似，距今已经有两千多年。唐朝时期，浏阳道吾山、石霜寺等大刹香火旺盛，八方僧人来朝，他们在斋菜中尝到豆豉的芳香美味，于是带着它四处云游，浏阳豆豉由此名扬天下，长久不衰。

永丰辣酱

永丰辣酱历史悠久，是湖南省双峰县传统的特色产品之一。据双峰县志记载，早在 16 世纪（明崇祯年间），双峰县城（原属湘乡县）永丰镇一带就有人开始以味鲜肉厚的灯笼辣椒为主原料，把小麦蒸煮、发酵、磨制，加盐调水，然后曝晒成酱，这就是永丰辣酱的雏形。

永丰辣酱不仅是一种调味品，更是一种汉族风味小吃，不仅风味独特，而且具有很高的营养价值。它是一种低脂肪、低糖分、无化学色素、无公害的纯天然制品，不仅可以做各种食物调色、调味的佐料，而且具有开胃健脾、增进食欲、驱寒祛湿、防治感冒等功效。其中的蒜仁、地蚕、蕨根等配料还具有杀菌、抗病等药用价值。因此，永丰辣酱受到越来越多的消费者的喜爱和欢迎。

长沙玉和醋

　　长沙玉和醋和山西老陈醋、镇江香醋一样，是全国醋中的名品和翘楚。其主原料是优质糯米，其次是紫苏、花椒、茴香、食盐等配料，并且以炒焦的草米为着色剂。它采用传统的静面发酵工艺制作而成，整个制作过程包括选（泡）米、蒸料、发酵、酿造等十余道工序。和其他醋相比，玉和醋具有四大特点：浓（浓而不浊）、香（芳香醒脑）、醇（越陈越香）、鲜（酸而鲜甜）。在日常生活中，它不仅是最佳的烹调佐料，而且具有开胃生津、和中养颜、提神醒脑等多种功效。据长沙地方志等资料记载，坊间曾有"陈年老醋出坛香，'玉'字封泥走四方"的说法，玉和醋当年的兴盛由此可见一斑。清朝中晚期至民国初期，玉和醋成为与山西陈醋、镇江香醋齐名的全国三大名醋之一。

美味湘菜

豆豉茄丝

主料▶ 茄子100克

配料▶ 红辣椒30克，葱花、植物油、食盐、
豆豉各适量

·操作步骤·

① 茄子洗净切丝；红辣椒洗净切丝。

② 锅中倒入植物油，加入葱花爆香，倒入
茄丝翻炒；茄丝稍微变软后再加入豆豉、
食盐和辣椒丝，炒熟出锅即可。

·营养贴士· 茄子营养丰富，具有抑制胃癌
的功效。

香辣茄盒

主料▶ 猪肉馅150克，长茄子、鸡蛋各1个，
面粉30克

配料▶ 姜碎5克，料酒15克，白胡椒粉、
盐各3克，淀粉30克，油300克，红
辣椒、蒜瓣、葱花、花椒粒各适量

·操作步骤·

① 茄子洗净，第一刀不切断，第二刀切断，
两片为一组。

② 肉馅中放入姜碎、料酒、淀粉（15克）、
盐和白胡椒粉搅匀；大碗中放入面粉、淀
粉（15克）、鸡蛋和少许清水调成面糊。

③ 取适量肉馅，放入两片茄子中。

④ 待油六成热时，将茄盒裹上面糊放入油
中炸至金黄，捞出沥干油。

⑤ 锅中留少许油，放入红椒、蒜瓣、葱花
和花椒粒爆香，将香辣汁浇在茄盒上即可。

·营养贴士· 这道菜有助于防治高血压、冠
心病和动脉硬化。

鱼香茄子煲

主 料▶ 茄子 500 克

配 料▶ 瘦肉 100 克，青椒、红椒各 50 克，白糖 5 克，豆瓣酱 10 克，盐、生抽、老抽、蚝油、醋、姜、葱、蒜、植物油、干淀粉各适量，麻油少许

·操作步骤·

① 茄子洗净，横切成两半后切竖条，放入盐水中浸泡 10 分钟，捞出沥干水分，撒一些干淀粉拌匀；青椒、红椒洗净切长条；瘦肉洗净切丝；葱、姜、蒜切末。

② 盐、干淀粉、生抽、老抽、蚝油、醋、白糖、麻油，加适量水调成汁备用。

③ 锅中放植物油烧七成热，放入茄条，炸软后捞出；炒锅内留少许底油，放入姜、葱、蒜末爆香，放入瘦肉炒至断生，加豆瓣酱和青、红椒翻炒，放入炸好的茄子同炒，最后倒入事先调好的调味汁翻炒均匀即可。

·营养贴士· 这道菜具有散血瘀、止痛、消肿、平血压、止咯血、抗疲劳等功效。

·操作要领· 因为腌制茄子的时候放了盐，而且豆瓣酱也比较咸，所以烹饪时无需再加盐。

湘西**外婆菜**

主料 外婆菜 400 克

配料 青辣椒、红辣椒各 3 个，油、鸡精各适量

·操作步骤·

① 青辣椒、红辣椒洗净切小圈。

② 锅中放油烧热，下入朝天椒炒香。

③ 下入外婆菜翻炒。

④ 加少量鸡精炒匀，即可起锅。

·营养贴士· 外婆菜是湖南湘西地区一道腌制菜，原料选用多种野菜、湘西土菜晒干腌制而成。具有开胃下饭、降血脂、软化血管、滋养容颜的功效。

豆角**茄子煲**

主料 豆角、茄子各 200 克

配料 植物油 60 克，大蒜 30 克，盐 5 克，葱 1 根，红椒 1 个，蚝油适量

·操作步骤·

① 豆角去筋络切段后洗净；茄子洗净，无须去皮，切成细条，放盐水中浸泡 10 分钟，捞出挤去水分。

② 红椒洗净切圈；大蒜去皮。

③ 锅中放植物油烧热，放入豆角，炸软后捞起控油；倒入茄子，炸软后捞出控油。

④ 锅中留少许底油，放入大蒜、红椒煸炒出香味，先倒入豆角翻炒，再倒入茄子炒匀。

⑤ 加盐、蚝油、少许开水盖上锅盖焖至收汁即可。

·营养贴士· 茄子有散血瘀、消肿止痛、祛风通络的功效；豆角中含有丰富的铁元素和维生素

湘味小炒**茄子**

操作
步骤

主 料▶ 猪肉 150 克，茄子 2 个，剁椒 1 小碟

配 料▶ 水淀粉、红辣椒、蒜、酱油、食用油、食盐、味精各适量

准备所需主材料。

把茄子切片；肉切片；蒜切末拌入剁椒内；红辣椒切丁。

锅内放入食用油，油热后放入肉片、红辣椒、剁椒、蒜，翻炒至肉片变色。

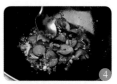

锅内放入茄子，再放入酱油，继续翻炒，至熟后放入食盐、味精调味，最后用水淀粉勾芡即可。

营养贴士： 茄子含多种维生素、脂肪、蛋白质、糖类及矿物质。

操作要领： 茄子切片后，放在水里略微浸泡一下再使用。

湘乡回锅藕

主 料 莲藕 1 节（300 克）

配 料 植物油 60 克，青椒、红椒各 2 个，
蒜 2 瓣，小葱 1 根，辣椒酱、生抽
各 5 克，生粉适量

·操作步骤·

① 莲藕洗净去皮，切薄片；青椒、红椒切圈；
葱切段，蒜切片。

② 锅中放水烧开，放入藕片汆烫 3 分钟，
捞出沥干，撒少许生粉抓匀。

③ 锅中放植物油烧至六成热，放入藕片炸
至表面微焦，捞出，沥干多余的油。

④ 锅中留底油，再次烧热，放入辣椒酱，
炒出红油，然后放入藕片，加入生抽，翻
炒均匀。

⑤ 放入青椒、红椒、蒜片、葱段，继续翻
炒 2 分钟即可。

·营养贴士· 莲藕富含维生素 C 和粗纤维，
能帮助消化、防止便秘，有益
于身体健康。

湖南麻辣藕

主 料 藕 1 节

配 料 生抽、醋各 30 克，油 45 克，花椒
3 克，姜末、蒜末各 15 克，剁辣椒、
老干妈各 15 克，鸡精 5 克

·操作步骤·

① 藕洗净去皮，放入高压锅中，加水没过
表面盖好，用大火煮熟，捞出切薄片。

② 锅中多放些油，放花椒爆香，调小火，
放入姜末、蒜末，再放入醋、生抽、鸡精
炒匀。

③ 放藕片，再放入剁辣椒、老干妈，小心
翻动藕片，使每一片藕都粘上调料，出锅
装盘。

·营养贴士· 生藕性寒，甘凉入胃，可消瘀
凉血、清烦热、止呕渴；熟藕
性味甘温，能健脾开胃、益血
补心。

青菜钵

主 料 青菜 200 克，花生米 50 克

配 料 香油少许，盐 5 克

·操作步骤·

① 挑选好的花生米事先浸泡 1 小时，捞出剁碎。

② 锅里加水，烧开后放入花生碎，用小火熬，直至汤色奶白且有花生香味飘出。

③ 青菜氽水，挤干水分，剁碎，将菜倒进花生汤汁中，大火煮片刻。

④ 放少许香油和盐调味出锅即可。

·营养贴士· 这道菜清淡、爽口，具有散瘀消肿的功效。

·操作要领· 花生是高油脂的食物，不宜放过多的油。

砂窝 **大豆芽**

主　料▶ 黄豆芽 500 克，五花肉 50 克

配　料▶ 大豆油、酱油各适量，香醋 25 克，辣椒油、香油各 10 克，花椒油 1.5 克，青椒、红椒各半个

·操作步骤·

① 将黄豆芽洗净去根；青椒、红椒切丝；五花肉切片。

② 锅里放少许大豆油，放入五花肉煸炒至出油。

③ 放入辣椒丝和黄豆芽翻炒，淋上酱油、辣椒油、花椒油炒匀。

④ 将黄豆芽等倒入砂锅中，加入适量水和香醋，小火炖 15 分钟，出锅淋上香油即可。

·营养贴士· 黄豆芽含有的热量较低，水分和膳食纤维较高，具有清热利湿、润肌肤的功效。

干锅**茶树菇**

主　料▶ 茶树菇 300 克，五花肉 100 克

配　料▶ 姜、小米椒、豆瓣、植物油、盐、鸡精、酱油、糖、葱花、香菜各适量

·操作步骤·

① 茶树菇洗净切段，在开水锅中焯水后捞出沥干；五花肉切薄片；姜切丝；小米椒、香菜切段；豆瓣剁碎。

② 锅中放少许植物油，下五花肉煸至出油，用姜丝、葱花炒香。

③ 放入剁碎的豆瓣，炒香后倒入小米椒翻炒，放入焯好水的茶树菇，继续煸炒约 5 分钟。加盐、糖、酱油、鸡精调味，撒上香菜即可。

·营养贴士· 此菜具有抗衰老、补钙、消食、防癌、强身健体、降压等功效。

粉蒸金针菇

主料 粉丝 150 克，金针菇 200 克

配料 葱段、辣椒圈、盐、鸡精、酱油、香油各适量

·操作步骤·

① 粉丝先用清水浸泡 15 分钟；金针菇洗净备用。

② 将金针菇铺在盘子的底部，再将泡软的粉丝铺在上面。

③ 撒上少许盐、鸡精，淋上适量酱油和香油。

④ 将盘子放入锅中，加盖大火隔水蒸 15 分钟，取出后撒上适量葱段和辣椒圈即可。

·营养贴士· 金针菇营养丰富，具极高养生价值，常吃可以提高身体的免疫力。

·操作要领· 清洗时，将金针菇尾部相连的部分切去，便于清洗。

小米椒拌木耳

主 料 干木耳 50 克

配 料 花生油 60 克，小米椒 3 个，小葱 1 个，蒜 3 瓣，香油、生抽、香醋各少许

·操作步骤·

① 干木耳放清水中充分泡发后，清洗干净、撕成小片，然后放入开水中焯熟，出锅放入冷水中。

② 小米辣切圈；蒜切片；小葱切段。

③ 将生抽、香醋调入木耳中拌匀。

④ 热锅放入少量花生油，下蒜片、辣椒圈、葱段爆香。

⑤ 将爆香的蒜片、辣椒圈和葱段浇在木耳上，淋上香油即可。

·营养贴士· 木耳可防治缺铁性贫血、延缓衰老。

手撕包菜

主 料 圆白菜 1 个

配 料 花生油 60 克，醋 10 克，盐 5 克，花椒、生抽、鸡精各适量

·操作步骤·

① 将圆白菜用手撕成适口大小。

② 锅中加花生油烧热，下入花椒炸出香味，加入圆白菜快速翻炒。

③ 炒至叶片半透明时，加入少许生抽、醋、盐和鸡精，翻炒均匀即可。

·营养贴士· 多吃圆白菜，可增进食欲，促进消化，预防便秘。是糖尿病、肥胖症患者的理想食物。

湘味**牛腩粉**

主 料 米粉300克，熟牛腩150克，鱼豆腐50克

配料 葱花、食盐、味精各适量

操作步骤

① 准备所需主材料。

② 将熟牛腩切片；米粉放入沸水中焯一下，捞出备用。

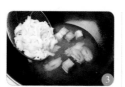

③ 锅内放入适量水，把鱼豆腐、牛腩片、米粉先后放入锅内煮。

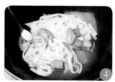

④ 熟后放入食盐、味精调味，最后撒上葱花即可。

营养贴士：牛腩能提供高质量的蛋白质，含有多种氨基酸，能提高机体抗病能力，特别适宜生长发育及术后调养的人食用。

操作要领：米粉不宜煮得过久，否则会影响口感。

鸡汁萝卜

主料 白萝卜300克

配料 盐、鸡汤、葱花各适量

·操作步骤·

① 白萝卜洗净，切薄片。

② 锅置火上，倒入适量鸡汤。

③ 将萝卜片放入鸡汤中，撒点葱花，浸5分钟。

④ 大火烧开，加适量盐调味，转小火再煮8分钟即可出锅。

·营养贴士· 白萝卜味辛、甘，性平，归脾经、胃经，具有消积滞、化痰清热、下气宽中、解毒等功效。

肉末黄瓜片

主料 黄瓜140克，猪瘦肉30克

配料 辣椒、蚝油、油、盐各适量

·操作步骤·

① 黄瓜洗净，切成1厘米厚的斜片；肉切末；辣椒切段备用。

② 锅中放油烧热，摆入黄瓜片，以中火小心煎香。

③ 用筷子将黄瓜片翻面，撒肉末、辣椒继续煎，直到黄瓜片煎软。

④ 撒盐拌匀，淋蚝油掂锅即可。

·营养贴士· 黄瓜肉质脆嫩，汁多味甘，性凉，具有清热利水、解毒的功效。

小土豆烩四季豆

主料 小土豆200克，四季豆150克

配料 花生油30克，小红柿子椒4枚，盐、味精各适量，葱、姜、蒜各少许

·操作步骤·

① 四季豆撕去筋，掰成段，洗净；小土豆去皮，切成块；葱、姜、蒜切成末。

② 锅中放油，先后放入四季豆、土豆块稍炸一下，捞出。

③ 锅中留底油，放入葱、姜、蒜爆香，放入炸好的土豆块、四季豆煸炒。

④ 放入盐、味精，加少量的水，放入小红柿子椒，炒匀即可。

·营养贴士· 本道菜和胃健脾，利于减肥。

·操作要领· 开始炸土豆块和四季豆时不要太久，以免焦煳。

豆豉炒芸豆

主料▷ 芸豆200克,红辣椒2个,豆豉、肉馅各1小碟

配料▷ 食用油、食盐、味精各适量

操作步骤

①
准备所需主材料。

②
将红辣椒切成辣椒丁;豆豉切碎;豆角切成小圈。

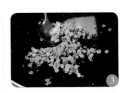
③
锅内放入食用油,油热后放入豆豉、红辣椒爆香,然后放入肉馅、芸豆翻炒,至熟后放入食盐、味精调味即可。

烹饪心得

营养贴士:芸豆营养丰富,蛋白质、钙、铁、B族维生素等含量都很高。

操作要领:芸豆在炒制前,需要放入沸水中焯一下。

蚕豆炒韭菜

主 料 新鲜蚕豆 300 克，韭菜 150 克

配 料 干辣椒、油、盐各适量，蚝油、鸡精各少许

·操作步骤·

① 蚕豆剥皮洗净，撒适量盐腌 10 分钟。

② 韭菜洗净，切小段；干辣椒切段。

③ 锅中放油烧热，下干辣椒段煸香，放蚕豆不停地翻炒，中途加少量水。

④ 倒入韭菜翻炒几下，淋蚝油，撒鸡精炒匀即可。

·营养贴士· 蚕豆味甘、性平，入脾经、胃经，有补中益气、健脾益胃、清热利湿、止血降压、涩精止带等功效。

韭菜桃仁

主 料 新鲜核桃 150 克，韭菜 250 克

配 料 植物油 60 克，盐 5 克，红椒 1 个

·操作步骤·

① 核桃去壳用清水浸泡 30 分钟，剥去褐色外皮备用；韭菜洗干净切段；红椒切丝。

② 热锅后倒适量植物油，放入核桃仁，翻炒至颜色微微泛黄。

③ 放入辣椒丝和韭菜，翻炒至八成熟。

④ 加入适量盐，翻炒 2 分钟即可。

·营养贴士· 这道菜具有补肾强阳、温固肾气的功效。

干煎**臭豆腐**

主料▶ 臭豆腐 400 克

配料▶ 色拉油 60 克，蒜蓉辣酱 12 克，白糖 6 克

·操作步骤·

① 将臭豆腐洗净沥干。

② 将煎锅烧热后，加入少许色拉油。

③ 放入臭豆腐，用小火煎黄后翻面。两面都煎黄后，起大火煎酥，待臭豆腐呈金黄色时即可。

④ 调蘸酱（蒜蓉辣酱：白糖：水 = 2：1：10）。

·营养贴士· 臭豆腐富含植物性乳酸菌，有调节肠道和健胃的功效。

虫草花**炒折耳根**

主料▶ 虫草花 100 克，折耳根 200 克

配料▶ 花生油 60 克，盐 5 克，干辣椒、葱、姜、蒜各适量，蒜薹、味精各少许

·操作步骤·

① 新鲜虫草花洗干净，沥干水；新鲜折耳根摘去老根，用清水洗净，再用手掰成寸段；蒜薹切成段；葱、姜、蒜切末，备用。

② 锅中放入适量花生油，放入葱末、姜末、蒜末和干辣椒爆香。

③ 加入折耳根翻炒片刻后，将蒜薹、虫草花下锅，大火翻炒。

④ 加入适量盐、味精调味炒匀即可。

·营养贴士· 虫草花有壮阳补肾、平喘止咳的功效；折耳根（鱼腥草）有清热解毒、利尿消肿的功效。

铁板香干

主 料 豆腐干 200 克，五花肉 100 克

配 料 花生油 30 克，盐 5 克，红尖椒、青尖椒各 1 个，味精、生抽、葱、姜、蒜各适量，韭菜少许

·操作步骤·

① 将豆腐干切成条状；五花肉切成片，辣椒切圈；韭菜切长段，葱、姜、蒜切末。

② 将锅烧热，放入花生油、五花肉煎炒，将油煎出来。

③ 将煎好的五花肉盛出备用，锅留余油，将葱、姜、蒜放入锅里爆香，再放入辣椒爆炒 1 分钟左右。

④ 放入豆腐干、五花肉、韭菜段，加入盐一起翻炒片刻，再放入少许水，待水开后，调入味精，淋适量生抽，翻炒均匀即可。

·营养贴士· 豆干富含卵磷脂，可防止血管硬化，预防心血管疾病，保护心脏。

·操作要领· 可以把五花肉加盐、料酒和生粉腌一下，炒出来的菜更滑嫩。

鱼香豆腐

主 料 豆腐 1 块

配 料 豆瓣酱、白糖、醋、酱油、高汤、
蒜、姜、葱花、植物油各适量

·操作步骤·

① 豆腐切成小块，入油锅煎至表面金黄；蒜、
姜切末。

② 用酱油、醋、白糖调成鱼香汁。

③ 锅烧热后倒入植物油，先放入姜末、蒜
末炒香，倒入豆瓣酱，炒出红油后，倒入
少许高汤，倒入豆腐块，炒匀。

④ 再倒入事先调好的鱼香汁，大火煮至收
汁捞出豆腐装盘，撒上葱花即可。

·营养贴士· 豆腐营养丰富，含有铁、钙、磷、
镁等人体所需的多种微量元素，
还含有糖类和丰富的优质蛋白，
素有"植物肉"之美称。

香辣金钱蛋

主 料 鸡蛋 6 个

配 料 泡红椒、干辣椒各 10 克，酱油 3
克，植物油 10 克，葱花、湿淀粉、
面粉、香油、精盐各适量

·操作步骤·

① 拿 5 个鸡蛋煮熟，捞出放凉后剥壳切成
片；泡红椒、干辣椒切成碎末。

② 把剩下的 1 个鸡蛋磕入碗内，加入湿淀粉、
面粉、精盐调匀成糊。

③ 炒锅坐火上，加植物油烧至六成热，将
鸡蛋片逐个挂糊入锅炸，待蛋片呈金黄色
时，出锅。

④ 锅中留底油，放入泡红椒末和干辣椒末
爆炒出香味，然后放入炸好的鸡蛋，放精
盐、酱油翻炒均匀，出锅前撒葱花，淋香
油即可。

·营养贴士· 本道菜有美容保健、增强食欲
的功效。

湘辣豆腐

主料 豆腐 1 块，红辣椒 3 个

配料 干红辣椒、蒜末、葱花、酱油、食用油、食盐、味精各适量

操作步骤

准备所需主材料。

将豆腐切块，放入油锅内炸至外表金黄，捞出控油，锅内留适量油备用；把红辣椒、干红辣椒切段。

锅内放入红辣椒段、干红辣椒段、蒜末、酱油滑炒一下，放入适量水，再放入食盐、味精调味。

将炒制好的辣椒汁浇在豆腐上，放入蒸锅，蒸熟后撒上葱花即可。

烹心得

营养贴士：豆腐性凉味甘，有补中益气、生津润燥、促进消化等功效。

操作要领：豆腐蒸的时间不宜过长，大火开锅，转小火蒸 5 分钟即可。

香椿**煎蛋**

主 料 香椿芽 100 克，鸡蛋 4 个

配 料 植物油 30 克，盐、淀粉各 5 克，鸡精适量

·操作步骤·

① 香椿芽洗净，择取嫩芽，较老较粗的部分不要，在沸水中放入少量盐，将嫩芽放入水中汆烫一下立即捞出，沥干切末待用。

② 鸡蛋打入碗中，放入香椿末、盐、鸡精、淀粉打散。

③ 平底锅烧热，倒入适量植物油（让整个锅底被油覆盖），倒入鸡蛋液，转动锅让蛋液均匀遍布锅底，转小火煎 10 分钟左右。

④ 将蛋饼翻面，再煎 10 分钟左右，取出盛盘即可。

·营养贴士· 香椿味苦，性寒，有清热解毒、健胃理气、利尿解毒的功效。

湖南**蛋**

主 料 鸡蛋 2 个

配 料 红辣椒 2 个，蒜 2 瓣，酱油 15 克，色拉油 30 克，小葱、盐、黑胡椒粉各适量

·操作步骤·

① 鸡蛋煮熟，剥壳、切成块；红辣椒切成圈；葱切花；蒜切末。

② 锅中放油烧热，下蒜末和红辣椒爆出香味。

③ 下葱花翻炒，淋入少许酱油。

④ 倒入鸡蛋块翻炒，使鸡蛋块与调味料混合均匀即可。

·营养贴士· 这道菜具有补肺养血、滋阴润燥、除烦安神、补脾和胃、祛寒等功效。

皮蛋拌辣椒

主　料 皮蛋 150 克，青椒、红椒各 20 克

配　料 白糖 3 克，食盐、醋、味极鲜各适量，花椒油、香油各少许

·操作步骤·

① 皮蛋剥壳，切成小块，青椒、红椒切成小片，将皮蛋、青椒片、红椒片放入盘中。

② 将味极鲜、白糖、食盐、醋、花椒油、香油倒入碗中调成汁，浇在皮蛋上拌匀即可。

·营养贴士· 皮蛋富含铁质、维生素 E 等。

·操作要领· 皮蛋的壳很薄，在剥皮的时候一定要小心，否则就会剥碎。

白菜梗炒肉丝

主 料 白菜梗 300 克，鲜猪肉 100 克

配 料 鲜红椒 5 克，猪油、盐、酱油、味
精、蒜茸香辣酱、水淀粉各适量

·操作步骤·

① 白菜梗洗净切成长丝；红椒去蒂切丝。

② 鲜猪肉洗净切丝，加盐、酱油、水淀粉
上浆入味。

③ 锅中倒入猪油，八成热时倒入肉丝翻炒，
变色后加入红椒丝和白菜梗丝，调入味精、
蒜茸香辣酱翻炒。炒熟出锅装盘即成。

·营养贴士· 猪肉性平味甘，具有补虚、滋
阴、润燥等多种功效。

肉末酸豆角

主 料 酸豆角 250 克，猪肉 200 克

配 料 花生 5 克，干椒末 2 克，蒜泥 10 克，
精盐、味精、酱油、熟猪油各适量

·操作步骤·

① 酸豆角洗净，倒温水中浸泡一小会儿，
然后切碎；猪肉切末。

② 锅置火上，倒猪油加热，倒入酸豆角翻
炒，待炒干水分后盛出。

③ 锅中倒入猪油烧热，下肉末煸炒，加精
盐调味；最后倒入酸豆角、花生翻炒，加
入蒜泥、干椒末、酱油炒匀；再加水焖煮，
煮熟后收干汤汁，加入味精即可出锅。

·营养贴士· 豆角含有优质蛋白和不饱和脂
肪酸，具有补肾健胃的功效。

茶树菇炒肉

主料 茶树菇、里脊肉各 200 克

配料 青椒、红椒各 50 克，油、盐、姜末、蒜末、生抽、蚝油、料酒、鸡精、淀粉各适量

·操作步骤·

① 干的茶树菇用冷水浸泡一晚，泡好以后洗净去根，切段；里脊肉切丝，用料酒、盐、生抽、淀粉腌渍 10 分钟；青椒、红椒洗净切丝。

② 锅中放油烧热，爆香姜末、蒜末，放入肉丝煸炒至颜色变白。

③ 放入茶树菇翻炒，加蚝油、生抽炒匀。

④ 放入青椒、红椒丝，加适量水焖煮 2 分钟，加盐调味，出锅前加入鸡精即可。

·营养贴士· 茶树菇具有健脾止泻、补肾滋阴、抗衰老、美容、降低胆固醇、提高人体免疫力等功效。

·操作要领· 里脊肉丝用淀粉腌渍 10 分钟，口感会更加嫩滑，不易炒老。

干豆角蒸肉

主 料 新鲜猪肉 300 克, 干豆角 100 克

配 料 食用油、盐、辣椒粉、蚝油各适量,
鸡精、青椒圈、红椒圈各少许

·操作步骤·

① 将猪肉切厚片, 用盐和蚝油抓匀备用。

② 将干豆角用凉水稍泡, 捞出切成 2~3 厘
米长的段。

③ 坐锅放食用油烧热后, 下干豆角炒至五
成熟盛至碗中, 撒辣椒粉拌匀, 再将猪
肉盖到干豆角上, 淋适量水。

④ 将碗放入高压锅隔水蒸 30 分钟, 吃前
撒鸡精、青椒圈、红椒圈拌匀即可。

·营养贴士· 因为干豆角很容易吸收肉的汤
汁和味道, 所以这道菜非常美
味, 非常下饭。

湘乡小炒肉

主 料 肥瘦肉 350 克

配 料 青辣椒 50 克, 红辣椒 30 克, 葱、蒜、
干椒节、姜、豆豉、料酒、盐、生抽、
老抽、香醋、食用油、鸡粉各适量

·操作步骤·

① 将肉洗净切片; 青辣椒、红辣椒切片; 姜、
蒜切片; 葱切小段。

② 锅里放食用油、肥肉, 中小火煸出油,
将肥肉煸成金黄色, 盛出, 再放入瘦肉,
用猪油将瘦肉泡炒变色, 盛出。

③ 油留锅内, 下姜片、蒜片爆香, 放入干
椒节、豆豉爆香。

④ 放入青辣椒、红椒片、盐翻炒, 倒入肉
片翻炒, 调入料酒翻炒。

⑤ 放少量清水, 调入鸡粉、生抽、老抽和
香醋炒匀, 最后放葱段炒匀即可。

·营养贴士· 猪肉性味甘咸, 滋阴润燥, 可
提供血红素(有机铁)和促进
铁吸收的半胱氨酸, 能改善缺
铁性贫血。

湘西**酸肉**

主料 猪肉 350 克，青蒜 1 棵

配料 食盐、味精、玉米面、食用油、干辣椒、花椒粉、葱各适量

操作步骤

准备所需主材料。

猪肉用玉米面、花椒粉腌渍 5 个小时，之后再加入食盐、味精，放入密封的罐子里 15 天，制成酸肉。

将酸肉切成片，把青蒜和葱切成段。

锅中放入食用油，油热后放入葱和青蒜炝锅，放入酸肉、干辣椒翻炒至熟即可。

营养贴士：酸肉营养丰富，有抗衰老等功效。

操作要领：翻炒时不用加盐，因为酸肉腌的时候就已经放盐了。

长沙小炒肉

主 料 猪肉 150 克

配 料 青椒 50 克，小红椒 10 克，香菜 20 克，姜 5 克，盐 6 克，味精 4 克，油适量

·操作步骤·

① 青椒、小红椒洗净，均匀切成块；香菜洗净切段。

② 猪肉洗净切丝，下入烧热的油锅中炒熟。

③ 下入青椒、小红椒、姜，爆炒至熟。

④ 加入香菜、盐、味精调味，炒匀即可。

·营养贴士· 这道菜营养丰富，含有丰富的蛋白质、维生素 B_1、锌等营养成分，具有滋阴养胃的功效。

湘味扣肉

主 料 五花肉（带皮）750 克

配 料 色拉油、蜂蜜、豆豉、生抽各适量，香菜、小葱、红辣椒各少许

·操作步骤·

① 五花肉切 6 厘米左右的块，大火蒸熟出锅，肉皮上抹一层蜂蜜；切好葱花和香菜。

② 热色拉油，将肉块下锅炸一下，待肉皮呈金黄色时捞出，放入滚烫的热水里烫，肉皮起皱后捞出晾凉。

③ 肉凉了之后切成片，肉皮向下放碗里，上面撒上豆豉，大火蒸 20 分钟。

④ 蒸好后，把肉扣在盘子里，淋上生抽，撒上葱花、辣椒、香菜即可。

·营养贴士· 扣肉富含油脂，有补脑的功效，但不可多食，以防高血脂。

农家小炒肉

主料 五花肉 200 克，里脊肉 150 克

配料 湖南椒、杭椒各 100 克，小米辣 2
个，香葱 1 根，姜 1 块，蒜 6 瓣，
黄酒 10 克，老抽 2 克，植物油 60
克，蚝油 20 克，酱油 25 克，香油
8 克，鸡粉 3 克，白糖 5 克，盐适量，
花椒少许

·操作步骤·

① 湖南椒、杭椒洗净，切成马耳朵形；小
米辣剖开；姜、蒜切片；香葱切段；里脊
肉切薄片，用黄酒 5 克、蚝油 10 克、酱
油 10 克，腌渍 10 分钟。

② 热锅，手拿五花肉，将其肉皮放入锅中
以中火烙黄、起皱，刮洗干净后，再切成
薄片。

③ 再次热锅，将辣椒放入焙干水分，至表
面有点小泡时，撒入适量盐拌匀盛起。

④ 炒锅倒植物油烧热，放入五花肉煸炒出
油时，放姜片、蒜片、花椒炒香，加酱油
20 克、蚝油 10 克、黄酒 5 克、老抽炒匀。

⑤ 放入里脊肉片翻炒至断生，加入焙过的
辣椒炒匀，加入白糖、鸡粉、香葱，滴入
香油炒匀即可。

·营养贴士· 这道菜具有补虚强身、滋阴
润燥、温中散寒等功效。

·操作要领· 可用料酒代替黄酒，但不能
放得太多。

西芹炒**培根**

主 料 西芹 200 克，培根 150 克

配 料 花生油 60 克，盐 5 克，蒜 2 瓣，生抽少许

·操作步骤·

① 西芹两端撕筋后，清洗干净，斜切成小段，用沸水焯一下，捞出沥干；培根切小块；蒜切成末。

② 锅烧热放花生油烧热，放入蒜末煸出香味后，再放入培根，略煎至出油。

③ 倒入西芹，大火翻炒 2 分钟。

④ 放少量的盐、生抽调味出锅。

·营养贴士· 常食西芹能降压健脑、清肠利便、促进血液循环。

酿**苦瓜**

主 料 苦瓜 1 根，香菇 50 克，豆腐 100 克

配 料 高汤、胡萝卜丁、湿淀粉、食盐、味精各适量

·操作步骤·

① 将苦瓜切圈后去瓤，把香菇切丁。

② 豆腐放碗内捣碎，放入香菇丁、食盐、味精搅拌均匀，制成馅料。将馅料放入苦瓜圈内。

③ 锅内放入少许高汤，把苦瓜放入锅内，开火煎制，至熟后将苦瓜捞出，撒少许胡萝卜丁点缀。锅内放入少许湿淀粉，勾制成玻璃芡浇在苦瓜上即可。

·营养贴士· 此道菜富含蛋白质和维生素C，可以提高机体的免疫力，并有明目解毒的作用。

毛家红烧肉

主 料 带皮五花肉 400 克

配 料 葱 1 棵，姜半块，大茴
香 4 粒，红辣椒 5 个，
花椒 10 克，香叶 5 片，
料酒 50 克，蜂蜜 15 克，
白糖 60 克，生抽、花
生油各 15 克，盐 5 克，
香菜少许

·操作步骤·

① 葱切大段，姜切片；五花肉切 2 厘米见方的
块；锅中放水、料酒、蜂蜜，放肉块煮约 3
分钟，把肉放入温水中投浸并捞出控水。

② 热锅放一点儿花生油，倒入五花肉块，
煸出多余的油。然后清空炒锅，倒入白糖
和 2 倍的开水，熬煮至起大泡并变色，再
倒入同等量的开水搅拌，待汤汁均匀并黏
稠时倒入碗中。

③ 炒锅清理干净并烧热，加少量花生油，
放香叶、红辣椒、大茴香、花椒、葱段、
姜片翻炒。

④ 倒入肉块翻炒出香，调入盐，加入没过
五花肉的温水和料酒、生抽，烧开。

⑤ 加入熬好的糖汁，盖上锅盖，小火炖约 1
个小时，待汤汁快干时停火，再焖几分钟
出锅，点缀香菜即可。

·营养贴士· 这道菜具有补肾养血、滋阴
润燥、护肤美容、促进消化、
提高免疫力等功效。

·操作要领· 将五花肉煸出多余的油，是
为了保证红烧肉不腻。

油豆腐烧肉

主 料▶ 五花肉 580 克，油豆腐 320 克

配 料▶ 酱油 10 克，香葱、生姜各 20 克，
黄酒 30 克，老抽、食用油各 60 克，
盐 3 克，桂皮、茴香、豆豉、葱花
各少许

·操作步骤·

① 五花肉洗净，切块；将每一个油豆腐撕
开一个小口子；香葱打结，留一点切成葱
花待用。

② 锅放食用油烧热，倒入肉块、生姜、葱结、
黄酒翻炒，使肉块两面出油、变色。

③ 加入盐、酱油、黄酒、老抽、桂皮、茴
香、豆豉翻炒，待肉块上色后加水，大火
烧 15 分钟，转中火烧 15 分钟。

④ 放入油豆腐，再烧 10 分钟后，撒上葱花，
出锅即可。

·营养贴士· 油豆腐富含优质蛋白、多种氨
基酸、不饱和脂肪酸及磷脂等，
铁、钙的含量也很高。

小炒黑山羊

主 料▶ 黑山羊肉（瘦）350 克

配 料▶ 色拉油 50 克，红尖椒 10 克，盐 5 克，
味精、淀粉、姜、蒜、生抽各适量，
香芹、酱油各少许

·操作步骤·

① 将羊肉去皮去筋膜后切成小片，加入淀
粉、生抽腌渍 15 分钟；红尖椒切圈；香
芹切小段；姜和蒜切成碎。

② 锅里放色拉油烧至五成热，放入准备好
的羊肉煸炒至八成熟，捞出沥油。

③ 锅中留底油，放入红尖椒、姜和蒜，小
火爆香，放入香芹煸炒。

④ 放入羊肉翻炒均匀，放盐、生抽、味精
和少许酱油调味即可。

·营养贴士· 这道菜具有滋阴壮阳、提高人
体免疫力、延年益寿的功效。

米椒**牛柳**

主 料▶ 牛里脊肉 300 克，米椒 100 克

配 料▶ 植物油 60 克，料酒 10 克，盐 5 克，葱 2 小段，姜 1 小块，酱油、干淀粉各适量

·操作步骤·

① 牛里脊肉多清洗几遍将血水洗掉后切成细条；葱切花；姜切末备用。

② 牛肉条放入碗中，加入料酒、酱油、盐和干淀粉腌渍 20 分钟。

③ 锅中放少量植物油，待五成热时放入牛柳，翻炒均匀。

④ 牛肉变色后，放入姜末和米椒，改中火再炒 2 分钟，关火，撒上葱花即可。

·营养贴士· 牛肉中的肌氨酸含量比任何食品都高，有利于增长肌肉、增强体力。

·操作要领· 炒牛柳时不可用铲子翻炒，那样会粘成团。

腊味**合蒸**

主 料 腊鱼 200 克、腊肠、腊鸡肉各 100 克

配 料 熟猪油、肉清汤各 25 克、白糖 15 克，葱丝、干红辣椒丝各少许

·操作步骤·

① 将腊鱼、腊鸡肉和腊肠洗净，用大火隔水清蒸 15 分钟，取出晾凉。

② 腊鸡剔骨，腊鱼去鳞，腊肠切斜片，将腊鸡、腊鱼切成大小相当的条。

③ 取瓷碗 1 个，将腊鸡、腊鱼、腊肠放在碗内，再放入熟猪油、白糖和肉清汤蒸 20 分钟。

④ 将蒸好的腊味翻扣在大瓷盘中，点缀葱丝、干红辣椒丝即可。

·营养贴士· 本道菜有促进生长发育、提高免疫力的功效。

黄瓜皮**炒腊肉**

主 料 黄瓜皮 200 克，腊肉 100 克

配 料 精盐 1 克，红辣椒 5 克，油 30 克，酱油 2 克，姜、葱各 3 克，韭菜少许

·操作步骤·

① 黄瓜皮洗净，用清水泡发；腊肉切成片，上笼旺火蒸 3 分钟左右至熟。

② 锅中放油烧至四成热，放姜、葱，大火爆香。

③ 放腊肉煸炒出油、出香，放红辣椒炒匀、炒香。

④ 放黄瓜皮煸炒 2 分钟，放韭菜炒匀，放盐、酱油调味即可装盘。

·营养贴士· 黄瓜味甘、性凉，具有利水消肿、清热解毒等功效。

湖南腊肉**炒三鲜**

主 料 腊肉 300 克，胡萝卜 1 根，芹菜 30 克，木耳 1 小碟

配 料 食用油、食盐、味精各适量

操作步骤

准备所需主材料。

将木耳撕成适口小块；胡萝卜切成菱形块；芹菜斜刀切成段；腊肉切片。

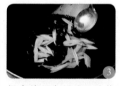

锅内放入食用油，油热后放入胡萝卜、芹菜、木耳翻炒片刻。

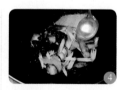

锅内放入腊肉，继续翻炒，至熟后放入食盐、味精调味即可。

烹饪心得

营养贴士：腊肉含有丰富的磷、钾、钠等元素，还含有脂肪、蛋白质、胆固醇、糖类。

操作要领：此菜品容易出汤，所以炒制时间不宜过长；腊肉有盐分，因此要少放盐。

苦瓜炒腊肉

主 料 苦瓜 300 克，腊肉 150 克

配 料 姜丝 15 克，蒜末 10 克，红辣椒、
生粉各 10 克，高汤 30 克，料酒
10 克，盐、味精、油各适量，胡椒
粉少许

· 操作步骤 ·

① 腊肉切片，用温水浸泡 15 分钟；苦瓜洗
净切片；红辣椒切段。

② 锅置旺火上，放入油，下姜丝、蒜末、
红辣椒段炒出香味。

③ 放入腊肉片翻炒片刻，烹入料酒。

④ 放入苦瓜片、高汤、胡椒粉、盐和味精，
炒至只剩少许汤汁，勾芡即可出锅。

· 营养贴士 · 苦瓜味苦、无毒、性寒，入心经、
肝经、脾经、肺经，具有清暑
解渴、降血压、降血脂等功效。

湘西老腊肉

主 料 腊肉 200 克

配 料 花生油 60 克，小葱 1 根，蒜 5 瓣，
干辣椒适量，鸡精少许

· 操作步骤 ·

① 腊肉洗净放水中煮熟捞出晾凉。

② 蒜剥皮；小葱切成段；干辣椒切成圈；
将冷却的腊肉切成薄片。

③ 热锅倒花生油，将腊肉放入煎炒，有油
脂溢出后出锅。

④ 锅里留底油，放入蒜瓣、小葱段、干辣
椒爆香，最后将腊肉回锅，调入鸡精炒匀
即可。

· 营养贴士 · 腊肉性味咸甘平，健脾开胃。

腊肉炒蒜苗

主料 腊肉 300 克，蒜苗 20 克

配料 红尖辣椒 30 克，香油、料酒各 5 克，
油 15 克，味精 1 克，白砂糖 2 克

·操作步骤·

① 蒜苗洗净，切斜段；辣椒去籽后切片；
将整块腊肉放入锅中蒸 20 分钟，取出去
皮切薄片。

② 将腊肉、蒜苗一起放入开水中烫熟捞出。

③ 锅中放油烧热，放蒜苗、辣椒炒匀。

④ 放腊肉、味精、白砂糖、料酒、清水，
用大火快速翻炒，最后滴入香油即可起锅。

·营养贴士· 蒜苗具有祛寒、散肿痛、杀
毒气、健脾胃、预防血栓、
保护肝脏等功效。

·操作要领· 要用大火快炒，以免蒜苗炒
老，影响口感。

香炒**腊猪舌**

主料 腊猪舌1根，莴笋200克

配料 朝天椒10克，花生油60克，蒜2瓣，盐少许

·操作步骤·

① 莴笋削皮洗净切斜片；朝天椒洗干净切圈；腊猪舌切片；蒜切蓉。

② 锅烧热，倒入少许花生油，油热后将辣椒、蒜蓉爆香。

③ 放入猪舌，翻炒至猪舌变色。

④ 倒入莴笋、盐，翻炒均匀即可。

·营养贴士· 莴笋能提高人体血糖代谢功能、防治贫血。

腊肉**炒笋干**

主料 腊肉250克，笋干100克

配料 油、盐、干辣椒、大蒜各适量

·操作步骤·

① 将笋干放入水中泡发，捞出切碎备用。

② 腊肉烧至皮烧透，放入锅中煮5分钟左右出锅，将皮刮洗干净。

③ 放入锅中再煮30分钟左右，捞出切片。

④ 锅中放油烧热，放入干辣椒、大蒜、腊肉片略微爆香，再放入笋干，加盐、水，盖锅盖焖5分钟即可。

·营养贴士· 笋干含有丰富的蛋白质、纤维素、氨基酸等，有助食、开胃、防便秘、清凉解毒等功效。

水芹菜炒腊牛肉

主料 腊牛肉 150 克，水芹菜 100 克

配料 花生油 30 克，料酒 10 克，蒜 3 瓣，小米椒适量，盐、鸡精各少许

·操作步骤·

① 锅中放入适量的清水，将腊牛肉放入，大火烧开后用小火煮 15 分钟；将水芹菜洗净切段；小米椒切碎；蒜切蓉。

② 捞出煮好的牛肉，逆着肉的纹路把它切成薄片。

③ 锅内放花生油（稍多一些），下入腊牛肉，快速爆炒至微微有些焦黄后盛出。

④ 用锅内余油将蒜蓉爆香，放入水芹菜煸炒，将腊牛肉片回锅，加入料酒、盐、鸡精，炒匀即可。

·营养贴士· 本道菜具有增长肌肉、增加免疫力的功效。

·操作要领· 腊牛肉一般比较咸，所以先煮过之后再炒可减轻咸味。

小炒腊肥肠

主料 腊肥肠 200 克，蒜薹 200 克

配料 花生油 60 克，盐 5 克，小米辣、
生抽、葱、姜、蒜各适量

·操作步骤·

① 腊肥肠洗净后，用清水浸泡至软后，切
成小段；将小米辣切滚刀条；蒜薹切段。

② 锅放花生油，油热将小米辣和葱、蒜、
姜爆香，放入蒜薹煸炒至断生，盛出备用。

③ 热锅热油，将腊肥肠放入锅中煸炒。

④ 放入煸炒过的蒜薹翻炒，加入适量的盐
和生抽调味，炒匀即可。

·营养贴士· 肥肠有润燥、补虚、止渴、止
血等功效。

豆豉蒸排骨

主料 排骨 600 克，浏阳豆豉 30 克

配料 生抽、老抽、料酒各适量，葱花、
红辣椒、香菜各少许

·操作步骤·

① 排骨斩小块，洗净，放入锅内飞水，水
开后，将排骨捞出，洗净浮沫。

② 放入豆豉，加适量料酒和生抽，放少许
红辣椒，加少许老抽拌好。

③ 码放在碗内，放入高压锅中蒸制，大火
上汽之后，中火蒸 20 分钟出锅，撒上葱
花和香菜即可。

·营养贴士· 排骨具有滋阴壮阳、益精补血
等功效。

湖南糖醋排骨

主　料 排骨 300 克，辣椒面 1 小碟

配　料 白糖、香醋、葱花、食用油、食盐各适量

操作步骤

准备所需主材料。

将排骨切成段。

锅中放入食用油，将排骨放入油中炸制，捞出控油。

锅内留少许油，放入白糖炒出糖色，放入排骨翻炒均匀，锅中倒入适量水，小火焖 10 分钟，大火收汁，收汁的时候放入香醋、食盐和辣椒面拌匀，出锅撒上葱花即可。

烹饪心得

营养贴士： 排骨可提供人体生理活动必需的优质蛋白质、脂肪，尤其是丰富的钙质可维护人体骨骼健康。

操作要领： 排骨要切的大小适中，炸制时，七八分熟即可捞出。

排骨迷你粽

主料▶ 猪小排 300 克，迷你粽 200 克

配料▶ 李锦记排骨酱 7 克，生抽 4 克，红椒圈、葱段、姜片各 5 克，鸡精、糖各 3 克，水淀粉、番茄沙司各 5 克，料酒 8 克，高汤 250 克，色拉油 1000 克

·操作步骤·

① 小排骨斩成 3 厘米长的块，氽水，去浮沫。

② 锅中热色拉油至六七成热，放排骨块，中火炸 1 分钟至五成熟，捞出。

③ 锅置火上，放排骨、料酒、排骨酱、生抽、鸡精、糖、姜片、高汤，小火烧 20 分钟。

④ 迷你粽剥去棕叶，用清水冲洗，放入六成热的油锅中炸 2 分钟至金黄色捞出，放入排骨中，加入番茄沙司，用水淀粉勾芡出锅。

⑤ 红椒圈、葱段用油略炒，放在成品菜上点缀即可。

·营养贴士· 这道菜具有温暖脾胃、补益中气、滋阴润燥、补虚强身等功效。

南瓜烧排骨

主料▶ 排骨、南瓜各 200 克

配料▶ 料酒、大料、姜片、葱段、葱丝、辣椒丝、蒜末、白糖、苹果醋、老抽、盐、湿淀粉、清汤、油、生抽各适量

·操作步骤·

① 排骨冲洗干净，凉水下锅，烧开后撇去浮沫，捞出后冲洗干净；南瓜去皮，切滚刀块。

② 将排骨放入电压力锅，加入料酒、大料、姜片、葱段和适量清汤，加压 20 分钟，然后拣去大料、姜片和葱段，将排骨捞出备用。

③ 锅内放油烧热，下蒜末爆香，放入南瓜块翻炒。

④ 放入煮好的排骨，倒入用料酒、盐、白糖、苹果醋、老抽、生抽、湿淀粉调好的酱汁，大火烧开后转小火炖至南瓜软烂、汤汁收浓出锅，撒上葱丝、辣椒丝即可。

·营养贴士· 南瓜性味甘、温，归脾经、胃经，有补中益气、清热解毒的功效，适用于脾虚弱、营养不良、肺痈、水火烫伤者食用。

湘竹小米**排骨**

主 料 排骨 500 克，小米适量

配 料 生菜叶若干片，白糖 2
克，姜 6 克，料酒、生
抽各 5 克，八角 1 个，
花椒、淀粉各少许，豆
瓣适量

·操作步骤·

① 小米提前浸泡 1 小时以上；排骨剁块用
温水洗净后在凉水中浸泡 30 分钟，以逼
出血水。

② 将排骨捞出沥干水分，加料酒、豆瓣、
白糖、生抽、八角、花椒、姜、少量淀粉
腌 30 分钟。

③ 小米浸泡好后，滤出，与腌好的排骨混
合拌匀，使其裹在表面。

④ 取 1 个大碗将生菜叶垫在碗底，再放上
处理好的排骨，入蒸锅，中火，上汽后再
蒸 2 小时至排骨软熟，取出装盘即可。

·营养贴士· 猪排骨可提供人体生理活动
所需的优质蛋白质、脂肪，
尤其是丰富的钙质可维护骨
骼健康。

·操作要领· 因为这道菜中排骨不焯水，
所以一定要用凉水浸泡，否
则带有血水，会有腥味。

莲藕**排骨汤**

主 料 猪排骨 200 克，莲藕 100 克

配 料 姜 5 克，味精、胡椒粉各 2 克，盐 5 克，鸡粉 3 克，香油、白酒各 5 克

·操作步骤·

① 莲藕洗净切块，姜切片。

② 排骨用开水煮过，撇去泡沫，捞出置于一边备用。

③ 将汤锅中注入 750 克水烧开，放入排骨、莲藕、姜片和味精、胡椒粉、白酒、盐、鸡粉，煮开后撇去浮沫。

④ 继续煮 1 小时，最后淋上香油出锅即可。

·营养贴士· 本道菜有清热消痰、补血养颜的作用。

东安**仔鸡**

主 料 鸡 1 只（约 800 克）

配 料 大葱 4 根，生姜 1 块，小米椒 1 个，食用油、高汤各 30 克，料酒 10 克，香醋 3 克，盐 5 克，白糖 3 克，花椒、大料、水淀粉各适量，胡椒粉少许

·操作步骤·

① 鸡处理干净，放入蒸锅中蒸 15 分钟至七成熟，取出放凉后切块，加盐、白糖腌 10 分钟；大葱、生姜洗净切丝；小米椒切圈。

② 锅中放食用油烧热，放入大料、花椒慢火炒香，下姜丝、葱丝、小米椒爆香。

③ 下入鸡块炒匀，淋料酒，用大火翻炒。

④ 加入高汤、香醋、胡椒粉、盐、白糖煮开，用水淀粉勾芡即可。

·营养贴士· 这道菜具有增强体力、解热、祛痰、促进消化、抗病毒等功效。

竹筒浏阳豆豉鸡

主料 仔鸡1只（约500克），竹筒1个

配料 色拉油50克，盐、味精各4克，胡椒粉2克，香油2克，料酒、浏阳豆豉各10克，郫县豆瓣酱3克，姜、蒜片各3克，干辣椒10克

· 操作步骤 ·

① 仔鸡处理干净，剁成2厘米见方的小块；干辣椒切段；姜切小片。

② 锅中放色拉油烧至六成热，放入豆豉、豆瓣酱、姜片、蒜片、干辣椒段大火煸香，加入鸡块以中火炒干水分、出香。

③ 放入盐、味精、胡椒粉、料酒中火翻炒几下，炒均匀后出锅。

④ 放入竹筒中，将竹筒盖上盖儿放入蒸笼，旺火蒸30分钟，取出淋上香油即可。

· 营养贴士 · 鸡肉性平温、味甘，入脾经、胃经，有益五脏、补虚亏、健脾胃、强筋骨、活血脉、调月经和止白带等功效。

· 操作要领 · 一定要用仔鸡，因老母鸡和土鸡都达不到效果。

乡巴佬鸡

主料 土鸡1只（重约1000克）

配料 花生油60克，盐5克，啤酒1罐，白砂糖1杯，酱油1杯，八角、青红椒、干辣椒、葱花、姜片、蒜各适量

·操作步骤·

① 土鸡处理干净后剁成小块，放入开水中焯一下，捞出。

② 锅中放花生油烧热，将干辣椒、姜片、蒜爆香，放鸡肉块翻炒。

③ 大火煸炒至鸡肉不再出水，并炒出一些鸡油。

④ 倒入啤酒、白砂糖、酱油，大火烧开后，用小火焖30分钟，待汤汁基本收干后，加青红椒、葱花、盐翻炒均匀即可。

·营养贴士· 这道菜营养价值极高，含有丰富的维生素和人体所需的氨基酸，具有增强体力、强壮身体的功效。

左宗棠鸡

主料 鸡腿600克，青尖椒、红尖椒各15克

配料 生粉水20克，姜、蒜各5克，植物油200克（实用50克），酱油、醋各10克，鸡精、香油、料酒、淀粉各适量

·操作步骤·

① 鸡腿去骨后摊开，切浅斜刀纹后，再切成2厘米见方的块，加淀粉、酱油、料酒搅拌均匀；青尖椒、红尖椒去籽，切成片；蒜、姜切末。

② 锅中放植物油烧热，放入鸡块炸熟，捞出沥干。

③ 锅中留余油烧热，放青尖椒、红尖椒炒，再放鸡块，加鸡精、酱油、醋、蒜末、姜末翻炒均匀，最后用生粉水勾芡，淋入香油即可。

·营养贴士· 本道菜有温中益气、补虚填精的功效。

干炒**辣子鸡**

主 料 小母鸡 1 只

配 料 植物油 50 克，干红辣椒 6 克，芹菜
5 克，蒜片、生姜、精盐、味精、醋、
花椒、水淀粉、鸡汤、香油各适量，
白芝麻（熟）少许

·操作步骤·

① 小母鸡处理干净，洗净放开水锅中煮至
七成熟，捞出后稍凉，剁成 5 厘米长、2
厘米宽的块，然后放在油锅里炸熟。

② 干红辣椒切成小段；芹菜切成小段；生
姜切丝待用。

③ 锅内倒入植物油烧至六成热，下花椒炸
出香味后捞出，倒入芹菜段、蒜片、姜丝、
干红辣椒煸炒几下，再倒入鸡块煸炒，加
精盐、味精、醋、鸡汤稍焖，待鸡汤快收
干时，放水淀粉勾芡，淋入香油，出锅盛
盘，撒上少许白芝麻即可。

·营养贴士· 此菜品具有暖身温中、增强免
疫力的功效。

·操作要领· 炸鸡的时候，火不要太大，
不然容易煳。

酸辣**鸡胗**

主 料 鸡胗 500 克，酸豆角 150 克

配 料 剁辣椒 15 克，青椒、红椒各 2 个，
盐、料酒、老抽、生抽、味精、芡
粉各适量，葱、姜、蒜各少许

·操作步骤·

① 鸡胗洗净切片，清水浸泡，用手反复抓洗，
漂净血水，加盐、料酒、味精、芡粉用筷
子拌匀，稍微腌渍 4 分钟；葱、姜、蒜均
切末；青椒、红椒洗净切圈。

② 锅中放油烧热，放适量葱、姜、蒜末爆香，
放入一半的剁辣椒炒香。

③ 加入酸豆角和青椒、红椒翻炒片刻。

④ 加入鸡胗翻炒，加入剩下的剁辣椒。再
加入少许的老抽和生抽。最后再加一点儿
蒜末，炒香后即可出锅。

·营养贴士· 鸡胗具有消食健胃、涩精止遗
等功效。

鲜椒**鸡杂**

主 料 鸡心、鸡肝、鸡肠各 100 克，鸡胗
200 克

配 料 青椒、红椒各 50 克、盐、生抽、
老抽、糖、生粉、油各适量，葱、姜、
蒜各少许

·操作步骤·

① 青椒、红椒切圈；姜切丝；葱切段。

② 鸡杂浸泡 30 分钟后捞出并沥干水，将鸡
杂切片，放入生粉、生抽、腌渍 10 分钟。

③ 锅内加入少许油加热，下入鸡杂和姜迅
速翻炒，炒好后盛出，再放入少许油，将
青椒、红椒、蒜下锅，爆香。

④ 放入炒好的鸡杂翻炒，并加入盐、糖、
老抽调味，加入葱段翻炒 1 分钟即可。

·营养贴士· 这道菜有健胃消食、润肤养颜
的功效。

湖南酸辣凤翅

主 料 鸡翅 2 只，鞭笋 1 段，红辣椒 1 个，酸泡菜、水发香菇各适量

配 料 酱油、食醋、食用油、食盐、味精各适量

操作步骤

准备所需主材料。

把鸡翅放入沸水中焯制片刻后捞出。

把酸泡菜、红辣椒、鞭笋切成块备用。

锅内放入食用油，油热后放入鸡翅、酸泡菜、红辣椒、鞭笋、香菇、酱油翻炒片刻，放入适量水进行炖煮，至熟后放入食醋、食盐、味精调味即可。

烹饪心得

营养贴士：鞭笋含有丰富的植物蛋白和膳食纤维、胡萝卜素、B 族维生素、维生素 C、维生素 E 及钙、磷、铁等人体必需的营养成分，具有滋阴凉血、和中润肠、清热化痰、解渴除烦、清热益气等功效。

操作要领：醋味易挥发，所以食醋要最后放。

鲜椒鸽胗

主 料▶ 鸽胗 200 克，青椒、红椒各 100 克

配 料▶ 大豆油 60 克，盐 5 克，干辣椒、
生粉、生抽、鸡精、葱、姜、蒜各
适量

·操作步骤·

① 洗净鸽胗，放入清水中，加盐和鸡精浸
泡 30 分钟，取出沥水，用生粉抓匀。

② 将青椒、红椒洗净后切成圈；干辣椒切
成段，葱切成葱花；姜、蒜切成末。

③ 锅中放入大豆油烧热，爆香姜、蒜和干
辣椒。

④ 倒入鸽胗，翻炒至变色后，加适量生抽。

⑤ 倒入切好的青椒、红椒和葱花翻炒均匀
即可。

·营养贴士· 鸽胗味甘、性平，有益胃健
脾等功效。

·操作要领· 鸽胗腌的时候放盐了，炒时
无须再放盐。

板栗烧鸡

主 料 鸡肉 250 克，栗子肉 100 克

配 料 植物油 150 克，料酒 2 小匙，酱油 1 大匙，青椒、红椒各 1 个，葱段、白糖、醋、香油、精盐、生粉各适量

·操作步骤·

① 将鸡肉洗净切成小块，加入精盐、料酒搅匀，再用生粉水调稀搅拌上浆。

② 青椒、红椒洗净切圈；在空碗中倒入料酒、酱油、醋、白糖，再放入生粉、水调成芡汁。

③ 将上浆的鸡块倒进油锅中用筷子滑散，加入栗子肉、青椒圈、红椒圈爆炒，待鸡肉变成玉白色时捞出，沥干油。

④ 锅中重新热油，油热后下葱段爆香，倒入鸡块和栗肉；芡汁中倒入少许清水，搅匀倒入锅中，翻炒片刻，淋入香油即可出锅。

·营养贴士· 鸡肉含有对人体生长发育有重要作用的磷脂类物质，是脂肪和磷脂的重要来源之一。

·操作要领· 鸡肉须先上浆再滑炒。

浓汤八宝鸭

主 料 草鸭 1 只

配 料 干虾米 15 克，白胡椒粒、盐、鸡精、干瑶柱、火腿、松仁、花生仁各 10 克，冬笋、猪肚肉、香菇各 25 克，糯米 250 克，上海青 300 克，葱段 15 克，姜片 10 克，绍酒 50 克

·操作步骤·

① 草鸭宰杀干净，加入白胡椒粒、盐、葱段、姜片、绍酒、鸡精腌渍入味，再放入锅中煲 2 ~ 3 小时。

② 上海青洗净放入沸水中焯熟备用。

③ 将糯米洗净放入锅中，再放入干虾米、干瑶柱、火腿、松仁、花生仁、冬笋、猪肚肉、香菇，制成八宝饭。

④ 将制好的八宝饭塞入鸭腹中，与上海青一同上碟即可。

·营养贴士·

这道菜具有补虚劳、滋五脏、益精髓、调中消食等功效。

湘味蒸腊鸭

主 料 腊鸭半只

配 料 蒜末 15 克，辣椒酱 15 克，茶油、鸡精各适量，香菜少许

·操作步骤·

① 腊鸭斩块，过茶油爆香，使鸭皮收紧，炸好捞出。

② 锅中留余油，下蒜末、辣椒酱，小火煸香，加少许水调成汁淋到腊鸭上。

③ 将腊鸭放入高压锅中，隔水大火上汽蒸 30 分钟出锅，撒少许鸡精拌匀，点缀香菜即可。

·营养贴士·

这道菜含有丰富的 B 族维生素、维生素 E 和烟酸，具有补虚养身、健脾开胃等功效。

啤酒鸭

主 料 鸭半只

配 料 啤酒600克，油、八角、红椒、干辣椒、葱花、姜片、蒜、生抽、老抽、糖、盐各适量，长豆角、香菜各少许

·操作步骤·

① 鸭洗净切块；红椒、长豆角洗净切段。

② 锅中放油烧热，放干辣椒、姜片、蒜爆香，放长豆角、鸭肉块翻炒，大火煸炒至鸭肉收干水分出油。

③ 加生抽、老抽、糖、八角炒至上色，然后倒入啤酒，大火烧开，改中小火焖30分钟。

④ 待汤汁基本收干时加红椒翻炒，加盐调味，撒上香菜即可。

·营养贴士· 这道菜营养价值极高，不但能强身健体，还可以增强人体的免疫力。

·操作要领· 加啤酒除了能去腥之外，还可以起到脆嫩、提鲜的作用。

麻辣鸭头

主 料 鸭头 1000 克

配 料 干辣椒 3 个，麻椒 20 粒，高汤1000
克，八角、甘草、油、姜片、蒜片、
香叶、老抽、盐、糖各适量，洋葱、
青椒、红椒各少许

·操作步骤·

① 锅内下油烧热，放入干辣椒、麻椒粒、
姜片、蒜片爆香。

② 将高汤入锅，放入适量的八角、甘草、
香叶、老抽、盐、糖，转大火至沸腾，转
小火煮 1 小时。

③ 将煮好的高汤倒入锅中，放入鸭头，大
火烧开后用小火煮 1 小时出锅，点缀上洋
葱、青椒、红椒即可。

·营养贴士· 这道菜不仅可以益气补虚、降
血脂，还具有美容养颜的功效。

小炒鹅肠

主 料 鹅肠（熟）200 克

配 料 植物油 30 克，生抽 5 克，盐 5 克，
韭菜、葱、姜、蒜各适量，味精少
许

·操作步骤·

① 将鹅肠洗净、切开；韭菜清洗、切段；葱、
姜、蒜切蓉。

② 在锅中放入适量植物油，待油热后，放
入葱、姜、蒜爆香。

③ 放入切好的韭菜翻炒片刻后，将鹅肠下
锅翻炒。

④ 倒入生抽，调入适量的盐、味精炒匀即可。

·营养贴士· 鹅肠具有益气补虚、暖胃生津、
解铅毒的作用。

干锅 **将军鸭**

主 料 水鸭 1 只（1500 克左右）

配 料 红辣椒、青辣椒各 2 个，姜 1 块，
干辣椒 1 把，蒜头 1 个，油豆腐 50
克，湖南特产甜酱 30 克，油、葱、
米酒、啤酒各适量，香菜少许

• 操作步骤 •

① 水鸭处理干净，鸭翅、鸭腿、鸭头、鸭
掌斩下待用，其他部分切成 3 厘米见方的
块，和内脏放一旁备用；姜切片；辣椒切
片；蒜剥好；葱打结。

② 锅中放多点油，烧至八成热，下鸭翅、
鸭腿、鸭头、鸭掌炸至金黄，放入其他鸭
肉一起爆炒。

③ 沿着锅边烹入一点点米酒，炒到鸭肉紧
缩、呈金黄色、水分炒干，然后放入甜酱

继续翻炒 15 分钟，待鸭身全部裹上酱香、
色泽金亮时盛出。

④ 锅中留底油，放姜片、蒜、干辣椒爆香，
然后放红辣椒、青辣椒、鸭肉翻炒。

⑤ 加入啤酒、适量水，稍微没过鸭肉的 2/3，
放入葱结，用小火慢煨 2 个小时，出锅撒
上香菜即可。

营养贴士 水鸭味甘、微寒而无毒，有
补中益气、消食和胃、利水
消肿以及解毒的功效，对病
后虚弱、食欲不振有很好的
食疗作用。

操作要领 如果最后汤还比较多，就用
大火略微收一下汁，这样鸭
肉香味会更足。

湘版川味**麻辣鸭**

主 料 鸭子1只，红尖椒4个

配 料 辣椒酱、食用油、食盐、味精各适量

操作
步骤

准备所需主材料。

将鸭子切成块；红尖椒切成辣椒圈。

锅内放入食用油，油热后放入鸭肉块翻炒至变色。

然后放入辣椒圈、辣椒酱继续翻炒，至熟后放入食盐、味精调味即可。

营养贴士：鸭肉中所含B族维生素和维生素E较其他肉类多，能有效抵抗脚气病、神经炎和多种炎症，还能抗衰老。

操作要领：炒制时，辣椒酱内可加入适量的水，搅拌均匀后倒入锅内。

芋子煮肥肠

主料 肥肠、芋头各 200 克

配料 花生油 60 克，料酒 10 克，盐 5 克，高汤、小米辣、生抽、姜、蒜、小葱各适量

·操作步骤·

① 芋头蒸熟，去皮切小块；肥肠洗净，入沸水中氽烫，取出放在冷水中浸泡，泡好后切成段；小米辣切圈；姜、蒜切粒；小葱切花。

② 热花生油将姜粒、蒜粒爆香，放入肥肠煸炒，加入料酒、生抽、盐和少许高汤大火煮，煮到收汁时，加入芋头翻炒。

③ 放入小米辣，炒至辣味出来，撒上葱花即可。

·营养贴士· 本道菜健胃消食，可促进消化。

小炒牛肚

主料 熟牛肚 200 克，红尖椒、香芹各 100 克

配料 玉米油 60 克，盐 5 克，豉油鸡汁、胡椒粉、鸡精、葱、姜、蒜各适量

·操作步骤·

① 将熟牛肚切成丝；红尖椒洗净后切成丝，香芹洗净后切成段；葱、姜、蒜切蓉备用。

② 炒锅烧热放玉米油，爆香葱、姜、蒜，放入牛肚煸炒均匀。

③ 下入红尖椒，煸炒至断生，放入适量豉油鸡汁炒匀。

④ 放入香芹煸炒，加适量胡椒粉、盐，放入鸡精炒匀即可。

·营养贴士· 牛肚性平、味甘，有补气虚、益脾胃的作用。

湘味**羊肚丝**

主料 熟羊肚 200 克，青椒、红椒、洋葱
各 100 克

配料 花生油 60 克，盐 5 克，干辣椒、
胡椒粉、鸡精、葱、姜、蒜各适量，
香菜少许

·操作步骤·

① 将熟羊肚切成丝；干辣椒、青椒、红椒、
洋葱洗净后切成丝；葱、姜、蒜切蓉备用。

② 将锅烧热后放入花生油，下葱、姜、蒜、

干辣椒爆香，放入牛肚煸炒均匀。

③ 将切好的青椒、红椒和洋葱放入锅中，煸
炒至断生，加适量胡椒粉、鸡精、盐翻炒。

④ 关火后点缀香菜即可。

·营养贴士· 本道菜可补虚健胃，防治虚
劳不足、手足烦热等症。

·操作要领· 干辣椒清洗后用凉水泡一会
儿更香，而且不容易爆煳。

湘江**鲫鱼**

主料 ▷ 湘江活鲫鱼 1 条

配料 ▷ 鲜红椒 10 克，碎干椒 5 克，葱、姜各 25 克，料酒 50 克，香油 20 克，蒜泥、陈醋、盐、味精、植物油各适量

·操作步骤·

① 将鲫鱼粗加工后，清洗干净，放葱、姜、料酒腌约 10 分钟；红椒、姜切成米粒状，葱切成花。

② 锅内倒植物油，烧至七成热，下入鲫鱼，炸至金黄色捞出。

③ 锅内放香油，下入红椒米、姜末、蒜泥、碎干椒炒香，加入盐、味精，烹入陈醋，倒入鲫鱼翻炒入味，撒上葱花，出锅即可。

·营养贴士· 鲫鱼药用价值极高，其性平，味甘，入脾、胃经，具有和中补虚、除赢、温胃、补脾益气的功效。

·操作要领· 烹制过程中，要保持鲫鱼焦酥。

剁椒**鱼头**

主料 鱼头1000克，剁椒适量

配料 姜片6克，盐、味精、姜丝、葱花、白萝卜片、熟油各适量

·操作步骤·

① 鱼头洗净，去鳃、去鳞，用刀劈成两半，鱼头背部相连。

② 将盐、味精均匀涂抹在鱼头上，腌渍5分钟后，将剁椒涂抹在鱼头上。

③ 在盘底放姜片和白萝卜片，将鱼头放上面，再在鱼身上撒上切好的姜丝。

④ 上锅蒸15分钟，出锅后，将葱花撒在鱼头上，浇熟油，然后再放锅里蒸3分钟左右即可。

·营养贴士· 此菜具有养胃、消食、强身健体、提高记忆力等功效。

·操作要领· 鱼头腌渍时间可长些，便于入味。

功夫桂鱼

主 料▶ 桂鱼 1 条

配 料▶ 干红辣椒段、花椒粒、姜末、蒜末、
葱末、油、精盐、白糖、味精、生粉、
酱油、料酒、豆瓣酱（或剁椒）、
生蛋清、胡椒粉、辣椒粉各适量

·操作步骤·

① 将桂鱼杀好洗净，剁下头尾，片成鱼片，
将鱼片用少许精盐、料酒、生粉和一个生
蛋清抓匀，腌 15 分钟。

② 在干净的炒锅中加平常炒菜 3 倍的油，
油热后，放入 3 大匙豆瓣酱（或剁椒）爆
香，加姜末、蒜末、葱末、花椒粒、辣椒
粉及干红辣椒段中小火煸炒；出味后转大
火，翻匀，加料酒、酱油、胡椒粉、白糖，
继续翻炒片刻，加一些热水，放精盐和味

精调味；待水开，保持大火，将鱼片一片
片放入，用筷子拨散，3~5 分钟即可关火；
把煮好的鱼倒进碟子装盘即可。

③ 另取一干净锅，倒入 250 克油；油热后，
关火先晾一下；然后多加些花椒及干红辣
椒段，用小火慢慢炒出花椒和辣椒的香味；
注意火不可太大，以免炒煳；辣椒颜色快
变时，立即关火，把锅中的油及花椒、辣
椒一起浇在鱼上。

·营养贴士· 辣椒能御寒，益气养血，促
进消化液分泌，增进食欲。

·操作要领· 煮鱼之前把部分花椒和辣椒
先炒过，这样在煮的时候，
就可以充分浸出辣椒中的红
色素，使油色红亮。

剁椒腐竹蒸带鱼

主料 带鱼 200 克，腐竹 50 克

配料 剁椒酱 20 克，料酒 2 克，姜丝 2 克，盐适量

· 操作步骤 ·

① 带鱼洗净切段，加料酒、姜丝、盐，腌 60 分钟；腐竹洗净，用温水泡发 20 分钟，切段。

② 将腐竹码在盘底，上面放入剁椒酱，然后把带鱼排在上面，并在带鱼上面放入剁椒酱。

③ 将摆好带鱼、腐竹的盘放入蒸锅，蒸 10 分钟即可出锅。

· 营养贴士 · 此菜具有健脑、补脾、暖胃、美肤的功效。

油酥火焙鱼

主料 嫩仔鱼 1000 克

配料 花生油 1000 克，料酒 50 克，小红椒 25 克，盐 5 克，味精 1 克，葱丝、姜丝各适量

· 操作步骤 ·

① 将嫩仔鱼去鳞、除内脏，清洗干净并沥干水分。加盐、料酒，腌 30 分钟，配料切好备用。

② 锅中放少许花生油烧热，将嫩仔鱼摆在锅里，用小火焙干后盛出。

③ 锅中留底油，放入葱丝、姜丝、小红椒煸香，倒入煎好的小鱼。

④ 淋入适量水，烧至收汁，撒入盐、味精，拌匀即可。

· 营养贴士 · 小鱼营养丰富，含钙量高，利于骨骼的发育。

翠竹粉蒸鮰鱼

主料 母鮰鱼1条，翠竹筒1节

配料 熟米粉100克，白醋、绍酒各5克，五香粉10克，原汁酱油、甜面酱各15克，葱花、姜末各5克，豆瓣酱25克，芝麻油、辣椒油各30克，白糖1.5克，熟猪油40克，味精、精盐、胡椒粉、花椒粉各适量

·操作步骤·

① 取直径10厘米、长25厘米、两端竹节的翠竹筒1节，离竹筒两端约4厘米处横锯2条，再破成宽8厘米的口，破下的竹片做筒盖。

② 将鮰鱼从腹部剖开，去内脏，洗净，沥干，切成长方形块，再用水清洗一次，沥干水放入大碗。

③ 加原汁酱油、豆瓣酱、胡椒粉、五香粉、甜面酱、花椒粉、精盐、白糖、白醋、绍酒、味精、芝麻油、辣椒油、葱花、姜末拌匀，

然后加入米粉、熟猪油拌匀，腌5分钟，再将腌好的鱼放入竹筒，盖上筒盖，上笼蒸20分钟取出即可。

·营养贴士· 此菜营养丰富，是贫血、营养不良、结核病、肝炎、软骨病、骨质软化等患者和孕妇、老年人的佳肴。

·操作要领· 鱼处理后，去掉鱼鳃，斩去边鳍，连同头尾一起剁块。

干烧**鲳鱼**

主 料► 鲳鱼 750 克，干梅菜、冬笋、干辣椒各 15 克，猪肉 20 克

配 料► 葱末、姜末、蒜末各 4 克，香油、黄酒各 4 克，猪油（炼制）60 克，白糖 10 克，清汤 250 克，酱油、盐、味精、油各适量

·操作步骤·

① 鲳鱼去鳃、内脏，洗净，在鱼的两面以 0.6 厘米的刀距剞上柳叶花刀，抹匀酱油；猪肉、冬笋、干梅菜、干辣椒均切条。

② 锅内放猪油烧至九成热，将鱼下入炸至五成熟，呈枣红色时捞出控净油。

③ 另起油锅烧热，先将猪肉下锅煸炒，再放入黄酒、葱末、姜末、蒜末、冬笋、干梅菜、干辣椒煸炒几下，加入白糖、酱油、盐、清汤烧沸，再放入鱼，微火煨至汁浓时，将鱼捞出放盘内，锅内余汁加味精、香油搅匀，浇鱼上即成。

·营养贴士· 此菜含有丰富的不饱和脂肪酸，以及丰富的微量元素硒和镁，对冠状动脉硬化等心血管疾病有预防作用，并能延缓机体衰老。

·操作要领· 微火慢煨，令滋味充分渗透于鱼肉内，先出鱼，后收汁，成品卤汁紧抱，油润红亮。

香辣砂锅鱼

主 料 草鱼 800 克

配 料 黄豆酱 30 克，白糖 15 克，鸡蛋、黄瓜、香菜、红尖椒、青尖椒、白辣椒、姜、蒜、花椒、盐、生抽、老抽、调和油、白酒、蒜各适量

·操作步骤·

① 草鱼切片、洗净；黄瓜洗净，切片；红尖椒洗净，切圈；香菜洗净；姜切片；鸡蛋打散，将鱼片逐一沾满蛋液。

② 平底锅放油烧热，放入鱼片，两面煎熟。

③ 炒锅中热调和油，放入白辣椒爆香，放入黄瓜片略炒，加入青尖椒、红尖椒圈稍炒，盛出。

④ 锅内放少许调和油，爆香蒜瓣、姜片、花椒，放黄豆酱，加适量生抽、老抽、白酒，加 1 碗水，放白糖、盐，放入煎好的鱼片，加盖焖 5 分钟。

⑤ 砂锅置火上，放入炒好的黄瓜及白辣椒打底，再放入焖好的鱼，加红尖椒、青尖椒、香菜，不加盖，小火加热 5 分钟即可。

·营养贴士· 这道菜具有平肝、祛风、开胃、健脑等功效。

·操作要领· 鱼片洗干净后用厨房纸吸干，再裹蛋液，用不粘平底煎锅。

蒜米烧腊鱼

主料 腊鱼 250 克

配料 蒜 5 瓣，葱 1 根，干辣椒 2 个，姜 3 片，酱油、香辣酱、料酒各 15 克，洋葱、油各适量，空心菜少许

·操作步骤·

① 葱、干辣椒切段；姜切丝；洋葱切块；腊鱼用刀剁成块。

② 锅中加 3 厘米深的清水，放入葱段（部分）、料酒烧开，放入腊鱼块，煮软后捞出沥干。

③ 锅烧热，放少许油，待油烧热，放入葱、姜、蒜、干辣椒爆香。

④ 放入鱼块，略微翻炒，放入香辣酱、酱油翻炒，使鱼块均匀着色。

⑤ 加清水，没过鱼的 1/2 处，放入空心菜，加盖，大火烧开，中火炖 20 分钟即可。

·营养贴士· 这道菜具有很高的营养价值，含有丰富的蛋白质、维生素 A 及钙等营养成分。

香煎刁仔鱼

主料 刁仔鱼 2 条

配料 花生油 60 克，盐 5 克，高汤 100 克，青椒、红椒、小葱、蒜瓣、姜、白酒、米酒各适量，白糖、酱油、香菜各少许

·操作步骤·

① 将刁仔鱼处理干净，在鱼身和鱼腹内抹上盐，用白酒腌渍 30 分钟；将青椒、红椒切丁；生姜、蒜瓣切米；小葱洗净切末。

② 热花生油，将鱼下锅煎成两面呈金黄色，盛出备用，然后将姜米、蒜米、青椒、红椒下锅爆香。

③ 锅内加入高汤煮开，调入盐、白糖、酱油、米酒，将刁仔鱼回锅，用小火烧。

④ 刁仔鱼入味后，转大火收汁，起锅前点缀香菜即可。

·营养贴士· 刁仔鱼有降血脂、消除水肿、降低胆固醇的功效。

豆豉蒸平鱼

主 料 平鱼1条，豆豉50克

配 料 干辣椒圈、蒜末、姜末、葱段、香油、食盐、味精各适量

准备所需主材料。

在鱼身上用刀以45度角入刀，割交叉花纹，以便入味。

将豆豉、干辣椒圈、蒜末、姜末、葱段、食盐、味精放入碗内搅拌均匀。

将平鱼放入蒸盘内，将搅拌好的调料倒在鱼身上，淋上香油。把蒸盘上蒸锅，蒸熟即可。

营养贴士：平鱼含有丰富的不饱和脂肪酸，有降低胆固醇的功效，对高血脂、高胆固醇的人来说，是一种不错的鱼类食品。

操作要领：蒸制时先大火开锅，后转小火慢蒸20分钟即可。

韭菜炒黄鳝

主 料 黄鳝 400 克、韭菜 150 克

配 料 植物油 60 克，料酒、酱油各 10 克，盐 5 克，鸡精、糖、湿淀粉、白胡椒粉、葱、姜、蒜、红辣椒各适量

· 操作步骤 ·

① 黄鳝清理后切块，用热水烫一下，将表面黏液清除，加入料酒、白胡椒粉、盐、鸡精、湿淀粉抓匀腌渍 10 分钟以上。

② 韭菜清洗后切细段；葱切花；蒜切蓉；姜切末；红辣椒切圈。

③ 锅烧热放植物油，将蒜蓉、姜末、红辣椒圈爆香，放入黄鳝翻炒。

④ 炒至八成熟时，倒入韭菜和葱花翻炒均匀，放料酒、酱油、盐、鸡精、少许糖调味即可。

· 营养贴士 · 这道菜有补肝肾、益气血、强筋骨、祛风湿等功效。

麻辣鳝丝

主 料 黄鳝 500 克

配 料 辣椒粉 20 克，熟芝麻、花椒粉、精盐、酱油、植物油、淀粉各适量

· 操作步骤 ·

① 黄鳝去头，将鱼身片开，去骨切段再切丝，抹上酱油、精盐，裹上淀粉腌 10 分钟。

② 锅中倒植物油烧热，将腌好的鳝丝放入锅里，炸至两面金黄时捞出控油，摆入盘中。

③ 在炸好的鳝丝上面撒上辣椒粉、花椒粉和熟芝麻，拌匀即可。

· 营养贴士 · 黄鳝可益气血，补肝肾，强筋骨，祛风湿。

香辣鱿鱼须

主 料 水发鱿鱼须 300 克

配 料 青辣椒、红辣椒各 1 个，盐、味精、黄酒、鲜汤、酱油、白糖、醋、色拉油各适量，孜然少许

·操作步骤·

① 鱿鱼须撕掉外膜，放入沸水中烫一下；青辣椒、红辣椒洗净，去籽，切条。

② 锅置火上，倒入色拉油烧至五六成热，将鱿鱼须放入滑油，盛出。

③ 锅内留底油，放入青辣椒、红辣椒稍煸，倒入少许鲜汤，用盐、味精、黄酒、酱油、白糖、醋调味，倒入鱿鱼须炒熟，撒上孜然即可。

·营养贴士· 鱿鱼清热利湿，营养高，热量低。

·操作要领· 鲜汤的品种，要根据家人的口味而定，肉汤、鸡汤均可。

鲜椒煸甲鱼

主料 甲鱼1只

配料 食用油30克，料酒10克，香油5克，盐5克，鲜汤100克，小泡椒2个，青椒、红椒、葱、姜、蒜各适量，胡椒粉、淀粉少许

·操作步骤·

① 甲鱼处理干净后，将甲鱼肉切块，用盐、料酒、胡椒粉腌渍30分钟。

② 将青椒、红椒切成圈；小泡椒切段；葱、姜、蒜切成末备用。

③ 热锅后放入食用油，将甲鱼肉倒入锅中先炸一下，倒出沥油；锅中留底油，将葱、姜放入锅中爆香。

④ 将甲鱼回锅，加入青椒、红椒、小泡椒煸炒，加料酒、鲜汤，放盐、胡椒粉等调味，用淀粉勾芡，淋上香油即可。

·营养贴士· 甲鱼素有"美食五味肉"之称，富含优质蛋白质、氨基酸、矿物质、微量元素。

小炒鱼虾米

主料 小鱼干、虾米200克

配料 青椒、红椒各100克，干辣椒、盐、食用油、料酒、姜各适量

·操作步骤·

① 把小鱼干和虾米清洗干净备用；干辣椒切碎；姜去皮；青椒、红椒清洗干净，切成圈备用。

② 锅烧热放食用油，爆香干辣椒和姜丝。

③ 将小鱼干和虾米下锅爆炒。

④ 放入青椒、红椒翻炒，加料酒和少许盐炒熟即可。

·营养贴士· 鱼干中蛋白质的含量较高，是补充蛋白质的主要选料。

口味**虾**

主 料 小龙虾 500 克

配 料 红尖干辣椒 20 克，植物油 50 克，
酱油、料酒各 5 克，花椒、蒜（白
皮）、姜片、八角、桂皮、盐各适量，
香菜少许

·操作步骤·

① 小虾洗干净，过油，待表面呈红色捞起。

② 将红尖干辣椒、花椒放入植物油中炸出
香味，放入蒜和姜片，再放入虾、八角、

桂皮，加适量水用大火烹煮，1 分钟后放
入盐、酱油、料酒，待桂皮、八角的香味
浓郁时，再加适量水。

③ 继续煮 30 分钟左右，待水熬成浓汁时，
撒上香菜便可出锅。

·营养贴士· 小龙虾含有比较丰富的蛋白
质、钙等营养物质。

·操作要领· 把活虾买回来先养两天，让
虾把身体里的淤泥吐尽。

湘味河蚌肉

主 料→ 河蚌 2000 克

配 料→ 植物油 30 克，料酒、酱油各 10 克，盐 5 克，红辣椒、葱结、葱段、姜丝、姜片、蒜各适量，白糖少许

· 操作步骤 ·

① 河蚌去内脏，用盐反复揉搓干净，洗净后用刀背将河蚌的裙边敲松。

② 放入高压锅，倒入清水没过河蚌，加入料酒、葱结和姜片大火烧至上汽后，用小火煮 20 分钟。

③ 关火等自然排气后取出蚌肉放凉，然后将蚌肉切成条，把红辣椒切成圈。

④ 锅中放油烧热，将姜丝、葱段爆香，放入蚌肉、蒜、红辣椒煸炒，然后放入料酒、盐、酱油、白糖调味，倒入少许清水，烧至收汁即可。

· 营养贴士 · 这道菜利于维持人体内的钾钠平衡，可提高免疫力。

虾段青瓜盅

主 料→ 河虾 10 只、青瓜 1 根

配 料→ 橄榄油 30 克，淀粉、盐、葱末、生抽各适量，银耳、枸杞各少许

· 操作步骤 ·

① 青瓜洗净，切 2 厘米的段，将中间的瓤挖去，底不要挖穿；将银耳、枸杞洗净备用。

② 河虾去壳，留下一节尾巴的壳做装饰，将虾肉去沙线剁成泥，放淀粉、葱末、橄榄油和少许盐、生抽，拌成虾肉馅。

③ 将虾肉馅酿入青瓜盅中，插上虾尾巴的壳做装饰，摆盘；将银耳、枸杞点缀在盘中央，用大火蒸 5 分钟即可。

· 营养贴士 · 虾肉有补肾壮阳、养血固精、益气滋阴、通络止痛的功效。

辣酒煮花螺

主 料▷ 花螺 500 克

配 料▷ 玉米油 60 克，江米酒 20 克，陈醋、
白酒、生抽各 10 克，盐 4 克，八
角 2 个，桂皮 1 块，干辣椒 2 个，
小葱 1 根，姜 1 小块，蒜 5 瓣，鱼
露 1 勺，胡椒粉少许

·操作步骤·

① 用小刷子刷净花螺外壳，用盐水浸泡花螺
20 分钟；小葱、姜、蒜切丝；干辣椒切段；
江米酒和白酒以 2∶1 的比例兑成酒汁。

② 锅烧热，倒入适量玉米油，小火将姜丝、
蒜丝、一半的干辣椒段爆香。

③ 倒水，放入八角和桂皮烧开后，小火再
煮 10 分钟，然后加酒汁、鱼露、陈醋和
余下的干辣椒段、葱丝（部分）烧开，放
入花螺煮 5 分钟。

④ 调入盐、生抽、胡椒粉调味，撒葱丝（余
下部分）出锅即可。

·营养贴士· 花螺含有丰富的蛋白质和维
生素，对人体有一定的保健
作用。

·操作要领· 花螺要用盐水泡 20 分钟，这
样细菌和泥沙就会被泡出来。

口味**蛇**

主 料 菜花蛇 1 条, 青椒 250 克

配 料 茶油 60 克, 大蒜 50 克, 姜 25 克,
辣酱 20 克, 盐 5 克, 八角、桂皮、
香叶各 1 克, 高汤 1000 克, 鸡精、
蚝油、干红椒各少许

· 操作步骤 ·

① 将处理好的菜花蛇洗净, 剁成 6 厘米左
右的段。

② 热锅烧茶油, 下蛇肉爆炒至蛇肉泛黄后
盛出, 并用余油爆香蒜瓣、姜、干红椒、
八角、桂皮和香叶, 下辣酱炒出红油。

③ 倒入蛇段大火翻炒, 让油汁进入蛇肉中,
倒入高汤烧开后用小火煨至七成烂。

④ 将青椒洗净, 切成 5 厘米长的段, 再将
八角、桂皮、香叶、姜拣出后放入青椒、
盐, 淋蚝油、撒鸡精大火收汁即可。

· 营养贴士 · 蛇肉营养丰富、有延年益寿的
功效。

香辣**梭子蟹**

主 料 梭子蟹

配 料 植物油 60 克, 料酒 10 克, 姜 1 块,
葱 1 根, 蒜末、蒜瓣、豆豉、生抽、
淀粉、盐各适量, 香菜、白芝麻
(熟) 各少许

· 操作步骤 ·

① 将梭子蟹洗净, 去内脏和尾部, 切成小块,
在蟹块上均匀裹上淀粉备用; 将葱、姜、
蒜和香菜洗好并切好备用。

② 锅内放植物油烧热, 放入剥好的蒜瓣炸
至颜色变黄, 捞出。

③ 将蟹块下锅, 炸至颜色泛红捞出。

④ 锅中留少许底油, 放入葱、姜、蒜末和
豆豉爆香, 蟹块回锅, 放少许的盐、生抽
炒匀, 撒上香菜、白芝麻即可。

· 营养贴士 · 蟹含有丰富的蛋白质及微量元
素, 对身体有很好的滋补作用。

剁椒蒸牛蛙

主 料 牛蛙 250 克，剁椒 50 克

配 料 姜、蒜、葱花、盐、鸡精、油、料酒、麻油各适量

·操作步骤·

① 牛蛙去皮，处理干净，切块，放入料酒、盐、鸡精、姜、蒜、剁椒拌匀，腌渍 4 小时以上。

② 锅中放油烧热，放牛蛙块煸炸至变色，捞出码入盘中。

③ 把剩余的佐料油炸一下，均匀地铺在牛蛙上。

④ 把码有牛蛙的盘子放入蒸锅，大火上汽蒸 15 分钟后冷 3 分钟，最后撒上葱花，淋上几滴麻油，即可出锅。

·营养贴士· 牛蛙可以促进人体气血旺盛、精力充沛，滋阴壮阳，有养心、安神、补气的功效。

·操作要领· 牛蛙蒸的时间不能太久，否则肉太老，不好吃。

鲜椒牛蛙

主料 牛蛙 500 克

配料 油 60 克，料酒 30 克，八角、青椒、
红椒、干辣椒、葱花、姜片、大蒜片、
盐、生粉、青花椒各适量

·操作步骤·

① 牛蛙洗净，剁成大块后用盐、料酒、姜
片（部分）、大蒜片腌渍 30 分钟，倒出
腌渍的水分，裹上生粉。

② 干辣椒、姜切碎；青椒、红椒洗净切圈。

③ 热锅倒入油，油五成热时，下入牛蛙煎
至表面起皮后捞出控油。

④ 留底油将姜片（余下部分）、大蒜片、葱
花爆香，回锅牛蛙，放入八角和干辣椒，
加入适量开水，再加入青椒、红椒，用大火
翻炒至收干汁水，盛盘并放上青花椒即可。

·营养贴士· 蛙肉富含蛋白质，而脂肪、
胆固醇的含量极低。

·操作要领· 先把牛蛙腌一下以便降低腥味。